复杂岩体边坡变形与失稳预测研究

苗胜军　编著

北　京

冶　金　工　业　出　版　社

2016

内 容 提 要

边坡的稳定性既受到边坡所赋存的地质环境的制约与控制，同时又受到外界荷载条件和开挖方式的影响。本书将复杂岩体边坡的破坏模式、稳定性分析、位移动态监测、降雨入渗影响、边坡变形预测及失稳预报等问题组成一个研究链，从基础理论和工程实践两方面对复杂岩体边坡变形失稳的动态变化规律进行了全面系统的研究。内容包括：边坡工程研究概述；复杂岩体边坡工程地质环境研究；边坡岩体开挖的数值模拟研究；边坡变形 GPS 动态监测控制网的优化设计；GPS 边坡变形动态监测数据处理及结果分析；基于 BP 神经网络边坡变形非线性预测模型研究；降雨入渗对边坡稳定性的影响研究；基于灰色 Verhulst 理论的改进"斋藤法"边坡失稳预报研究。

本书内容广泛、科学系统、理论联系实际，可供矿业工程、水利水电工程、安全工程、隧道工程等科研和工程技术人员阅读，也可供高等院校相关专业师生参考。

图书在版编目（CIP）数据

复杂岩体边坡变形与失稳预测研究/苗胜军编著. —北京：冶金工业出版社，2016.8
ISBN 978-7-5024-7384-6

Ⅰ.①复… Ⅱ.①苗… Ⅲ.①岩质滑坡—边坡稳定性—研究 Ⅳ.①TV698.2

中国版本图书馆 CIP 数据核字（2016）第 274062 号

出 版 人 谭学余
地 址 北京市东城区嵩祝院北巷 39 号 邮编 100009 电话 （010）64027926
网 址 www.cnmip.com.cn 电子信箱 yjcbs@cnmip.com.cn
责任编辑 杨 敏 美术编辑 彭子赫 版式设计 彭子赫
责任校对 王永欣 责任印制 牛晓波
ISBN 978-7-5024-7384-6
冶金工业出版社出版发行；各地新华书店经销；固安华明印业有限公司印刷
2016 年 8 月第 1 版，2016 年 8 月第 1 次印刷
169mm×239mm；12.5 印张；242 千字；187 页
54.00 元

冶金工业出版社 投稿电话 （010）64027932 投稿信箱 tougao@cnmip.com.cn
冶金工业出版社营销中心 电话 （010）64044283 传真 （010）64027893
冶金书店 地址 北京市东四西大街 46 号（100010） 电话 （010）65289081（兼传真）
冶金工业出版社天猫旗舰店 yjgycbs.tmall.com
（本书如有印装质量问题，本社营销中心负责退换）

前　　言

我国冶金矿山80%的矿石量来自于露天开采，露天矿山对我国工业的可持续发展具有特殊且重要的意义。目前，我国一大批大、中型露天矿山已由山坡转为深凹开采，最大开采深度已超过500m，最终形成的露天边坡的垂直高度将达到700~1000m。随着开采深度的不断增加和边坡的加高加陡，采场开采难度越来越大，局部边坡的失稳破坏常有发生，边坡采动灾害问题日益突出。因此，对边坡变形进行合理、有效的监控和及时、科学的危险预警具有现实而深远的意义。边坡变形既受到边坡所赋存的复杂地质环境的制约与控制，同时又受到外界荷载条件和开挖方式的影响。由于工程地质环境及岩土体参数的复杂性、多变性、随机性，边坡工程可以看成是一个不断变化着的开放的复杂巨系统。但是由于深凹露天矿高陡边坡所处的复杂地质力学环境，以及边坡破坏机理与诱发因素的复杂性和边坡失稳的突发性及不确定性，目前对边坡失稳的发生机理、监测、预测及防控的基础理论研究还亟待深入。

本书以首钢矿业公司水厂铁矿复杂岩体边坡变形与失稳预测为背景，运用工程勘查、理论分析、试验测试、现场监测、数值模拟、人工智能等多种综合分析研究方法，对复杂岩体边坡变形的动态变化规律、破坏机理进行了系统研究，主要内容如下：

（1）首先介绍了国内外在边坡变形、稳定性研究、监测技术和方法、失稳预测预报等方面的研究现状和趋势；然后通过工程地质调研，对首钢矿业公司水厂铁矿北区采场区域复杂地质环境、矿区地层、边坡岩组、岩性分布及构造特征、岩体结构面的分布规律、主要的破坏模式等进行了深入分析研究；为边坡开挖数值计算模型和边坡变形动态监测系统的建立提供了依据。

（2）总结了现有的主要岩体力学参数确定方法，以试验为基础，采用地质强度指标（GSI）和非线性 Hoek-Brown 破坏准则确定边坡岩体宏观力学参数；通过压水和注水试验，获得了边坡不同岩体的渗透系数；采用应力解除法和水压致裂法进行了地应力现场测量，确定了各测点的地应力状态，获得了矿区深部岩体的地应力分布规律；为边坡开挖变形的数值模拟研究提供了力学参数。

（3）采用 FLAC 二维和三维有限差分计算程序，分别对北区采场上盘 21 号勘探线所在剖面边坡与Ⅰ区北端边坡开挖进行了固-流耦合数值模拟研究，对边坡开挖过程中的应力场、位移场、破坏场和渗流场进行了系统和全面的计算模拟，对复杂岩体边坡变形机制与规律以及破坏机理进行研究，对边坡的稳定性状况进行了分析。

（4）针对露天矿复杂岩体边坡的变形特点，基于卫星信号、观测量等基础理论知识，研究了多台 GPS 接收机同时观测静态差分解算方法，提出了适合于露天矿这种小范围的 GPS 短基线测相伪距观测方程及其线性化，简化了原本繁琐的推导过程和观测方程，研究了 GPS 载波相位静态相对定位原理及其单差、双差、三差线性组合方程。

（5）通过对水厂铁矿边坡工程地质勘查、构造地质力学资料的分析，根据边坡不同部位的重要程度，对水厂铁矿边坡变形监测进行分级，提出了覆盖整个采区的 GPS 边坡变形动态监测控制网，并对控制网的优化设计、布设、监测方式及首期和终期网形结构特点进行了分析研究，提出采用 GPS 和其他常规仪器相结合的测量技术，对边坡的稳定性进行监测。

（6）对 GPS 控制网的星历预报、基线向量解算、网平差结果及其残差不确定度进行了细致分析研究，结合现场开挖和 GPS 控制网动态监测数据，对水厂铁矿边坡变形位移、速度和趋势以及 GPS 系统在矿山边坡变形监测中的应用进行了全面分析，提出了适合于描述边坡变形的水平位移趋势等密图。

（7）分析了影响边坡变形的敏感性因子，以岩体结构、岩体质量、降水、爆破开挖、监测点离坡肩距离、边坡高度、边坡角、边坡倾向、地应力方向、温度及时间为输入变量，以水平 N、E 方向和高程 H 方向 GPS 监测数据为输出变量，利用改进的 BP 神经网络的自组织、自学习、强容错性和较强的非线性动态数据处理能力，建立基于 BP 神经网络的边坡变形非线性预测模型，为复杂岩体边坡变形预测由定性向定量转变提供了一个较为有效的方法，并验证了该预测模型的精度和可靠性。

（8）对降雨入渗诱发滑坡的基本原理进行了细致研究，运用 GEO-SLOPE 软件建立降雨入渗边坡模型，模拟计算在不同降雨强度和降雨持时下水厂铁矿北区采场边坡岩体的孔隙水压力、应力应变及安全系数，对边坡滑坡失稳机理与降雨入渗诱发滑坡条件进行了分析。

（9）根据现场监测数据和"斋藤法"蠕变理论，提出了临近滑坡但未滑落部位边坡变形改进的"斋藤法"曲线和变形发展 4 阶段，推导出改进的"斋藤法"变形、速率、加速度曲线方程及失稳时间预报模型，并建立了基于位移信息的 Verhulst 灰色模型以确定失稳预报时间模型的参数。采用 GPS 和全站仪相结合的测量技术，对水厂铁矿上盘及四川某自然边坡滑坡变形过程进行了监测，利用监测数据对基于 Verhulst 灰色理论的改进"斋藤法"失稳时间预报模型进行了验证，确定了该模型的可靠性及精度。

本书为我国金属深凹露天矿山滑坡灾害监控与安全开采积累了宝贵的经验，为有效解决类似条件矿山采动灾害问题提供了示范作用。研究所取得的理论、方法与技术成果，完全可以推广应用于其他边坡工程，具有重大的学术价值。本书的研究成果已经在首钢矿业公司水厂铁矿得到应用，项目的实施为水厂铁矿深部安全开采提供了技术保障，具有重大的经济效益和社会效益。

　　本书的出版得到了国家重点基础研究发展计划（"973"计划，2015CB060200）、国家自然科学基金（51574014）的资助。本书在撰写过程中参阅和借鉴了诸多专家的文献与研究成果，在此对这些文献的作者致以崇高的敬意。同时，感谢北京科技大学硕士研究生梁明纯、张邓、郝欣、王子木、孔长青、郭向阳、宋元方、王辉，他们参与了与本书有关的文献查询、绘图、文字编校等工作，为本书的出版付出了辛勤劳动。

　　由于作者水平所限，书中不足之处，敬请广大读者批评指正。

作　者

2016 年 5 月

目　　录

1 绪 论

1.1 国内外研究进展及现状

1.1.1 边坡变形与稳定性研究现状

边坡变形是指边坡发生失稳前的运动过程，如露天矿台阶面和地表面出现断续裂缝、运输铁轨出现轻度的弯曲等，此时边坡仍能保持完整。边坡失稳是指边坡变形到一定程度而导致边坡解体、崩落、滑落。边坡变形常是边坡失稳的前兆，但如果能提前加以整治，往往不会发生破坏。

复杂岩体边坡的变形与稳定性研究一直是工程地质学与岩石力学领域的一个重要课题。在很多大型工程活动中，需要对复杂岩体或土体进行大规模开挖，形成人工岩体边坡，其与一般自然斜坡不同的地方在于：（1）形成的时间较短；（2）根据工程的重要性和特点，在一定的时间内应具有较高的安全系数，甚至是严格的变形限制；（3）工程运营中的工况变化一般会影响到边坡的变形和稳定性。为解决复杂岩体边坡的合理设计以及变形与稳定性问题，国内外学者进行了广泛的研究，在理论和实践上都取得了很大的进展。

边坡稳定性的分析研究始于 20 世纪 20 年代，最早是对土体的稳定性进行分析和计算，其成果可见于瑞典的 Fillenius、美国的 Terzaghi 和 Taylor 的土力学经典著作中，直到 60 年代初，才开始进行岩体边坡的稳定性与变形分析研究。

边坡稳定性与变形问题比较复杂，在不同时期，人们用不同的方法从不同的角度对边坡进行了大量研究。我国对边坡工程的研究大致可分为 3 个阶段：

（1）20 世纪 80 年代前，对边坡工程的研究从边坡崩塌（滑）造成的地质灾害出发，定性地分析了边坡失稳的地质环境条件，进而利用类比法对边坡的稳定性进行初步评价。对边坡的稳定性分析与变形计算采用了二维极限平衡方法、块体理论及数值方法。极限平衡方法（limit equilibrium method）是通过潜在滑体的受力分析，引入莫尔-库仑强度准则，根据滑体的力（力矩）平衡，建立边坡安全系数表达式进行定量评价，这种方法由于安全系数的直观性至今仍被工程界广泛应用。块体理论（block theory）由石根华提出，1977 年他在《中国科学》上发表的"岩体稳定分析的赤平投影方法"，标志着块体理论雏形的形成。数值方法（numerical methods）如有限元法、边界元法、离散元法等，能从较大范围考虑岩体的复杂性，全面地分析边坡的应力应变状态，有助于对边坡变形和破坏机理的认识，较极限平衡方法有很大改进和补充。

（2）20世纪80年代到90年代中期，为适应大型露天矿建设和改扩建需要，开展了大量的区域工程地质环境研究，在大量野外实地调研基础上，总结、分析了各类边坡的工程地质条件与采矿工程对边坡地质影响问题。本阶段在理论上开始引入统计学、弹塑性力学、流变力学、灰色预测系统等理论和计算机技术。在深入研究了边坡岩（石）体的力学时间效应的基础上，对边坡蠕动变形的研究采用了物理模拟和数值模拟方法，总结归纳出蠕动边坡变形破坏的类型和模式。在工程实践中，常常将边坡稳定性评价视作二维问题来简化处理。灰色预测系统是将边坡视为一个灰色系统，根据影响边坡稳定性的不确定因素之间发展状态的相似或相异程度，来衡量各因素间的关联程度，确定它们对边坡稳定性的主次关系，从而对边坡的变形情况和稳定性进行分析。

（3）20世纪90年代中期后，在采矿和区域工程地质环境研究的基础上，进行了边坡变形与破坏的动态研究，即边坡滑坡的变形破坏机制研究和稳定性动态评价。在研究方法上广泛引入了数学力学、分形几何、边坡控制技术等，将具有复杂几何特征的边坡变形问题与稳定性评价问题，作为三维问题来处理。初步引用了蠕变分析法、模糊数学法、三维极限平衡分析法等。蠕变分析法主要是找出边坡岩体中蠕变变形最大的软岩或软弱夹层，分析和计算它的蠕变情况，并且认为边坡的变形破坏特征主要是由它来显现的。模糊理论在边坡稳定分析中的应用主要是用隶属函数代替确定性方法中非此即彼的量，对那些边界不清的过渡问题进行描述，最后用综合评价理论对边坡稳定性进行总的评价。极限平衡分析法主要是把边坡岩体的岩块当做刚体来处理，认为岩体本身不变形，只考虑岩块沿滑移面的平动与转动等。

目前，国外一些发达国家对露天矿边坡工程的研究已广泛应用了非线性科学方法论和思维观。即建立在非线性科学基础上的三维边坡的统一变形、破坏、失稳动态分析理论与边坡控制技术，对复杂岩质边坡进行三维蠕变变形计算。另外，还将神经网络、极限平衡、数值计算等各种方法进行集成，建立了集成智能系统，对边坡的变形与稳定性进行综合分析与评价。专家系统和人工神经网络是其中两个最重要的领域。在边坡工程中，专家系统的应用在于利用专家系统中的指示处理、知识运用和不确定性推理的技术去分析边坡的稳定性；人工神经网络的应用在于利用神经网络的学习和联想记忆功能，运用网络存储的领域知识对边坡进行变形与稳定性分析。它既能提供定量的结果，又能进行定性分析，还能进行专家式的咨询。总的来说，根据边坡的受力特点，边坡变形与稳定性计算方法可分为两大类：一类是刚性块体极限平衡法；另一类是应力应变分析法。一些大型有效通用和专用的有限元软件已应用于研究实际边坡变形与稳定性问题。另外，在监测手段上，已开发出大变形岩体监测设备及技术，例如，利用卫星定位技术（GPS、GLONASS、北斗）及合成孔径雷达（SAR、INSAR、D-INSAR）等技术实时跟踪蠕变边坡变形、破坏及失稳全过程，提高了对露天矿边坡在减灾方面的预测预报精度和研究水平。

1.1.2 边坡变形监测技术方法及应用

露天矿山边坡开挖破坏了原岩的应力平衡状态，边坡岩体内部的应力将重新分布并过渡到另一平衡状态，而当边坡岩体内部的应力场由一种平衡状态过渡到另一种平衡状态时，岩体将产生位移和变形。由于矿山工程开挖是一个动态平衡过程，因此岩体内部应力场不断发生变化，只有当作用力达到或超过岩体的极限强度时，才产生破坏性作用。为了探测这一变形的动态过程、破坏机制及变形的发展趋势，多种边坡监测技术和动态分析手段应运而生。根据监测内容不同，边坡监测可分为地表变形监测、地下变形监测、影响因素监测（地下水动态、地表水、地声、地温、地应力、人类活动）、宏观地质监测等。常用的边坡监测方法有：

（1）常规大地测量法。常规大地测量法使用的仪器有：1）经纬仪、水准仪及红外测距仪。其特点是投入快、精度高、监测面广、直观、安全、便于确定边坡变形方向及变形速率，适用于不同变形阶段的水平位移和垂直位移，受地形通视和气候条件的影响，不能连续观测；2）全站型电子测距仪。一种集自动测距、测角、计算和数据自动记录及传输功能于一体的自动化、数字化和智能化的三维坐标测量与定位系统。其特点是精度高、速度快、自动化程度高、易操作、省人力、可自动连续观测，监测信息量大，适用于加速变形至剧变破坏阶段的水平位移、垂直位移监测。该方法在长江三峡库区十几个监测体上得到普遍应用，监测结果可直接用于指导防治工程施工。

（2）全球定位系统（GPS）法。全球定位系统（GPS）是美国国防部研制的导航定位授时系统，由 24 颗卫星组成。卫星分布在 6 个轨道面上，轨道高度约为 20183km。GPS 可同时观测得到待测点的三维坐标 X、Y、Z，并能精确地测出待测点的运动速率。GPS 相对定位技术精度高、定位快、易操作、可全天候观测，且不受通视条件限制，能连续监测。适用于不同变形阶段的水平位移和垂直位移监测。中国地震局地壳所、国土资源部及长江委的有关单位，在三峡库区的滑坡监测中普遍采用了 GPS 技术。

此外，当前具有较高定位精度的全球导航卫星系统（global navigation satellite system，GNSS）还包括：俄罗斯 GLONASS 卫星导航系统和中国北斗卫星导航系统（BDS）。俄罗斯 GLONASS 卫星导航系统是由苏联（现俄罗斯）国防部独立研制和控制的第二代军用卫星导航系统，GLONASS 系统标准配置为 24 颗卫星，而 18 颗卫星就能保证该系统为俄罗斯境内用户提供全面服务。GLONASS 技术可为全球海陆空以及近地空间的各种军、民用户全天候、连续地提供高精度的三维位置、三维速度和时间信息。中国北斗卫星导航系统（BeiDou navigation satellite system，BDS）是中国自行研制的，继美国 GPS、俄罗斯 GLONASS 之后第三个成熟的卫星导航系统。北斗卫星导航系统由空间段、地面段和用户段三部分组成，可在全球范围内全天候、全天时为各类用户提供高精度、高可靠定位、导航、授时服务，并具短报文通信能力，已经初步具备区域导航、定位和授时能力，定位精度 10m，测速精度 0.2m/s，授时精度 10ns。

（3）遥感法与摄影法。遥感法（RS）适用于大范围、区域性崩滑体监测。可根据不同时期遥感图像变化了解滑坡的变化情况，进行滑坡判释。此外，利用高分辨率遥感影像可以对地质灾害进行动态监测，随着遥感传感器技术的不断发展，遥感影像对地面的分辨率越来越高。利用卫星遥感影像所反映的地面信息丰富并能周期性获取同一地点影像的特点，可以对同一地质灾害点不同时间的遥感影像进行对比，确定不同时间内边坡移动特征，进而达到对地质灾害动态监测的目的。近景摄影法用地面摄影经纬仪等进行监测。其特点是监测信息量大，省人力、投入快、安全；但精度相对较低，主要是用于变形速率较大的滑坡体水平位移和危岩体陡壁裂缝变化的监测，受气候条件影响较大。此外，SAR、INSAR、D-INSAR 等技术已在广域滑坡监测领域得到一定的应用。合成孔径雷达（synthetic aperture radar，SAR）是一种高分辨率成像雷达，可以在能见度极低的气象条件下得到类似光学照相的高分辨雷达图像。利用雷达与目标的相对运动把尺寸较小的真实天线孔径用数据处理的方法合成一较大的等效天线孔径的雷达，也称综合孔径雷达。合成孔径雷达干涉测量技术（interferometric synthetic aperture radar，INSAR）是以同一地区的两张 SAR 图像为基本处理数据，通过求取两幅 SAR 图像的相位差，获取干涉图像，然后经相位解缠，从干涉条纹中获取地形高程数据的空间对地观测新技术。合成孔径雷达差分干涉技术（differential interferometry synthetic aperture radar，D-INSAR）是利用同一地区不同时相的 SAR 影像，通过差分干涉，获取该地区地表形变信息的技术手段。

（4）深部位移监测技术方法。深部位移监测技术方法有：1）钻孔倾斜法。利用仪器探头内伺服加速度计测量埋设于岩土体内的导管沿孔深的斜率变化，在钻孔、竖井内测定滑体内不同深度的变形特征及滑带位置。钻孔倾斜仪是监测深部位移的最好办法之一，其精度高、效果好，易遥测、易保护，受外界因素干扰少，资料可靠，但测程有限，相对成本较高。2）测缝法。利用多点位移计、井壁位移计、测缝计、收敛计等进行监测。一般通过钻孔、平硐、竖井监测深部裂缝、滑带或软弱带的相对位移情况。目前因仪器性能、量程所限，主要适用于滑坡初期变形阶段，即小变形、低速率、观测时间相对不很长的监测。其特点是精度较高、效果较好、易保护，但投入慢、成本高，仪器、传感器易受地下水、气候等环境的影响。

（5）地下水动态监测方法。地下水动态监测包括地下水位和间隙水压监测。利用自动水位记录仪测量水位，这种方法对进行远距离遥测、多点测量及小口径钻孔（仅 30mm）很有效。在国外，应用间隙水压计进行边坡变形监测已很普通，但国内尚未普及使用。其关键技术是如何实测滑动带中的真实孔隙水压力值，为此牵连到很多安装埋设的工艺技术问题。几十年来，各国先后研制了各种形式的间隙水压力测量仪器，如开口立管式、卡隆格兰德型、气动型、液动型和电动型的探头等。该方法对于降水引起的滑坡的监测具有非常重要的作用。

（6）声发射技术（AE）。声发射技术是利用测定滑坡岩体受力破坏过程中所释放的应力波的强度和信号特征来判别岩体的稳定性。仪器有地声发射仪、地音探测仪。利用仪器采集岩体变形破裂或破坏时释放出的应力波强度和频度等信号资料，分析判断崩滑体变形的情况。仪器应设置在崩滑体应力集中部位，灵敏度较高，可连续监测。声发射技术最早应用于矿山应力测量，近十几年来逐渐被应用到滑坡的监测中，多应用于露天边坡岩体垮落等方面的预报，而对崩滑体匀速变形阶段不适宜。测量时将探头放在钻孔或裂缝的不同深度来监测岩体（特别是滑动面）的破坏情况。近年来，基于 AE 的微震监测技术在滑坡预报方面取得了一定的进展。微震监测技术可通过监测岩体破裂产生的震动或其他物体的震动，对监测对象的破坏位置、破坏状况、安全状况等作出评价，从而为预报和控制灾害提供依据。

（7）倾斜变形监测法。地表倾斜移动观测具有效率高、成本低、操作简单等特点，因此这种监测方法很适合于高边坡、高挡墙等因开挖及沉降引起的旋转变形监测。应注意的关键问题是所使用的仪器必须具有较大的测量范围，较高的测量精度和较低的温度系数。

（8）雷达法。边坡稳定性雷达监测技术主要是基于差值干涉测量法采用雷达波对露天矿边坡进行监测。系统先以近毫米级精度对边坡面进行分区域、连续、反复扫描，然后通过专用软件将扫描结果与之前获得的扫描数据进行比较，从而确定边坡面的位移程度，并将位移变形量图形化显示于监视器，当位移变化量超过设定临界阈值时触发预警系统。边坡雷达主要由硬件和软件两大部分构成。硬件部分有数据采集及辅助设备，主要包括天线、雷达电子箱、计算机箱、显示器和拖车，该部分用于监测边坡现场，完成现场边坡原始变形数据的采集、存储。软件部分可以根据计算机处理结果显示和监测边坡的动态变化过程。

（9）无线遥测法。无线遥测法具有监测参数多、实时数据传输、全天候监测、安装方便、无需人员值守等特点。中国地震局地壳应力研究所采用先进适用的传感器技术，与计算机信息处理技术和通信技术整合形成的新一代 RDA 型地质灾害遥测系统，系统集成了包括滑坡地表位移与沉降监测仪、倾斜变形测量仪、裂缝测量仪、崩滑体微破裂声发射信号记录仪、钻井式深部地层滑移变形测斜仪，以及地下水孔隙压力测量仪和钢筋计、锚索（杆）计在内的 8 种滑坡监测仪器。该系统可在全天候的条件下提供亚毫米级的精度，监测边坡是否发生了超出正常范围的滑移和变形。

测量机器人是当前应用较为广泛的一种无线遥感技术，又称自动全站仪，是一种集自动目标识别、自动照准、自动测角与测距、自动目标跟踪、自动记录于一体的测量平台。它的技术组成包括坐标系统、操纵器、换能器、计算机和控制器、闭路控制传感器、决定制作、目标捕获和集成传感器等八大部分。

（10）地应力监测法。地应力监测法包括地下和地表水平地应力的监测。地应力测量方法分直接测量法和间接测量法。直接测量法是由测量仪器直接测量和记录各种应力量，如补偿应力、恢复应力、平衡应力，并由这些应力量和原岩应力的相互关系，通过计算获得原岩应力值。常用的有扁千斤顶法、刚性包体应力计法、水压制裂法、声发射法。间接测量法是借助某些传感元件或某些媒介，测量和记录岩体中某些与应力有关的间接物理量的变化，如岩体中的变形或应变，岩体的密度、渗透性、吸水性、电磁、电阻、电容的变化等，然后由测得的间接物理量的变化，通过已知的公式计算出岩体中的应力值。因此，在间接测量法中，为了计算应力值，首先必须确定岩体的某些物理力学性质以及所测物理量和应力的相互关系等。常用间接测量法有套孔应力解除法、局部应力解除法、松弛应变测量法、地球物理探测法。这些测量结果不能直接反映变形量，但可配合其他监测资料，用于数值、物理模拟计算，进而分析岩体变形动态。

（11）爆破震动监测。爆破震动监测是指爆破时产生的振动波对边坡的影响，根据爆破安全标准（GB 6722—2014）规范中是否振动超标作出一个评判。岩体爆破开挖工程中，当药包在岩石中爆破时，邻近药包周围的岩石会产生压碎圈和破裂圈。当应力波通过破裂圈后，由于它的强度迅速衰减，再也不能引起岩石的破裂而只能引起岩石质点产生弹性振动，这种弹性振动以弹性波的形式向外传播，造成地面的振动。当爆破引起的地面振动达到一定的强度时，可以造成临近爆区边坡的破坏。采用专用的振动测试设备，在爆破开采时可以直接测定边坡的振动情况，并根据所测数据对边坡所受影响进行评价。

爆破震动监测一般包括质点运动参数监测和质点动力参数监测，前者常以质点振动速度监测为主，加速度监测为辅。对于破碎风化岩体，质点振动频率低，可选用低频仪器；对于坚硬完整岩石，振动频率高，可选用频带高的地震检波器；动应变测量可采用超动态应变仪和顺态记录仪。

（12）地温监测技术方法。利用温度计测量地温，分析温度变化与岩石变形的关系，间接了解岩体的变形特征。

（13）气象监测技术方法。通过雨量计、蒸发仪等对气象因素进行观测，分析降雨与滑坡滑动的关系。我国大部分地区的滑坡都和降雨有关，所以研究降雨强度及持时等降雨参数与滑坡的关系有非常重要的意义。

1.1.3 边坡变形失稳预测预报研究历史和现状

边坡从变形到失稳整个过程既受边坡所赋存的地质环境的控制作用，同时又受外界荷载条件、开挖方式的影响。由于工程地质环境及岩土体参数的复杂性、多变性、随机性，导致了边坡变形破坏信息极难捕捉，加之边坡动态监测技术不成熟，监测费用高、周期长，边坡失稳预测预报一直被认为是一项十分困难的前沿课题。近几十年来，国内外学者主要围绕滑坡预测预报进行潜心研究，取得了一定的成果。纵观其发展过程，大致可分为以下三个阶段：

（1）20 世纪 60~70 年代，现象预报和经验式预报阶段。边坡从变形至失稳破坏是边坡岩土体蠕动变形的过程。因此，在黏弹塑性力学基础上发展起来的，揭示岩土体变形时间效应的岩土体蠕动变形（流变）理论，一直是边坡失稳预测预报研究的基础。1965 年，日本学者斋藤迪孝在室内实验和仪器监测的基础上，提出以蠕变阶段的应变速率为基本参数的预测预报经验公式及相应的预测预报理论，并于 1970 年采用该模型对日本的高汤山隧道滑坡进行了成功预报。1977 年，Hoek 根据 1969 年智利 Chuquicamata 铜矿滑坡监测位移-时间曲线，提出了利用滑坡变形曲线的形态和趋势进行外延并推求滑动时间的外延法，其预报的理论依据与斋藤迪孝是相同的。由于这些方法是在一定条件下建立的经验公式，所求得的蠕变破坏时间属于概算，预报精度受到一定的限制，仅适用于短期预报和临滑预报。

（2）20 世纪 80 年代，位移-时间统计分析预报阶段。这段时间，许多学者大量引入数学方法和理论模型，根据所建的模型进行外推预报，用于拟合不同滑坡的位移-时间曲线。1984 年，王思敬提出了边坡失稳前总变形量和位移速率的综合预报方法。1985 年，日本学者福囿用砂和土两种材料建立了大比例尺物理模型，基于人工降雨条件模拟边坡变形，根据试验结果，提出了预报滑坡破坏时间的福囿法。1988 年，陈明东、王兰生首先将灰色系统理论中的 GM（1，1）模型引入滑坡位移-时间曲线的拟合外推，提出利用滤波灰色分析法进行滑坡中期预报。1988 年，晏同珍根据滑坡的孕育、发展、发生特征，提出了基于二次曲线回归拟合和灰色理论中 Verhulst 生物繁衍的动态模型预测方法。同年，张倬元等人还提出了黄金分割法进行滑坡预报。1989 年，美国学者 Voight 提出了多参数滑坡预报的经验公式。

此外，还有不少学者尝试了马尔科夫、模糊数学方法和图解法等多种预报方法，使滑坡预报方法向定量化方向迈进了一大步。但是，这一阶段学者们主要注重预报方法的探讨，而对与滑坡密切相关的一些基本问题，如观测数据的分析、处理、预报时序资料的选择、干扰信息的剔除与有用信息的增强等还认识不足；对滑坡基础理论研究与预报相结合方面的探讨也比较少，也很少有学者在利用上述先进理论和方法的同时，将预报参数与边坡变形破坏和演变机制联系起来考虑，因而大大影响了预报精度。

（3）20 世纪 90 年代以来，综合预报模型及预报判据研究阶段。随着滑坡研究的深入发展，人们认识到滑坡位移-时间曲线的拟合外推常常只能对滑坡近期行为趋势做出有限的预测，在众多滑坡影响因素，尤其是在非线性因素的作用下，要准确、可靠地预报滑坡的长期行为是十分困难的。因此，学者们逐步形成了跟踪预报的思想。李天斌、余宏明等人利用滑坡动态数据的时间序列分析法建模的思想，提出了滑坡动态跟踪预测的观点并进行了有益的探索。另外，由于系统科学和非线性科学的发展，人们认识到滑坡是一个开放系统。滑坡预报不仅仅是一个纯方法问题，要实现较为准确的预报，必须将边坡变形破坏机制分析与定量预报相结合，必须对与滑坡密切相关的基本问题进行研究，运用系统综合、系统分析、系统模拟的方法对滑坡系统进行识别、模拟及预测预报。因此，人们开始重视对滑坡宏观前兆和宏观判据的研究，并着重从物理现象和物理模型分析入手进行滑坡预报的探索。

1993 年，秦四清、张倬元以非线性动力学理论为基础，提出了滑坡孕育的非线性动力学模型，进而预报滑坡发生时间。1994 年，廖小平依据弹塑性力学原理提出了滑坡预测的功率模型。1997 年，黄润秋、许强提出了全新的蠕动边坡失稳预测模型理论。1998 年，刘汉东以长江三峡新滩滑坡为例进行了工程地质力学白光散斑模型试验，用白光散斑照相技术和自动记录仪测量模型表面的位移矢量场，依据位移-时间相关关系和边坡模型滑面的抗剪强度，分别用斋藤法、灰色系统预测理论和有限单元法进行了中长期定时预报，结果与试验模型实际破坏的时间基本一致。

2002 年，黄志全提出基于单状态变量摩擦定律，把协同和分岔理论联系起来，建立了边坡失稳时间预报的协同-分岔非线性理论模型。该模型体现了边坡在演化过程中各个因素之间的协同作用及分岔现象，并可对边坡失稳破坏的发生时间进行预报。2003 年，齐欢等人建立了滑坡预测的非线性混沌模型，还采用混沌和神经网络相结合的方法对滑坡进行预报。2004 年，Sornette 等人采用单变量摩擦定律建立了边坡滑块模型，提出了一个简单的物理模型来预测滑坡发生前的加速位移。黄润秋提出了 GMD（地质（G）—力学机理（M）—变形耦合（D））数值预报模型。2005 年，秦四清采用 Weibull 分布描述斜坡剪应力与应变关系，建立了斜坡系统的尖点突变模型，给出了失稳的充要力学判据，并给出了根据滑坡位移观测数据反演非线性动力学模型的方法和稳定性判别准则。2006年，刘文军和贺可强运用分形理论的 R/S 分析方法研究新滩滑坡位移矢量角的赫斯特指数 H 值与滑坡渐进性失稳的关系。2007 年，赵东明等人讨论了 SP（sigma point）变换算法的性质，给出了一种新的扩展型卡尔曼滤波方法 SPKF（sigma point kalman filter）。它不仅具有较高的精度，而且不必计算偏导数阵。刘志平和何秀凤在边坡监测的应用中将稳健估计方法引入时间序列建模，提出了基于稳健估计的自回归建模方法。

2008 年，许强等人强调应将滑坡变形的时间特征和空间特征相结合，并指出滑坡宏观变形破坏具有分期配套的特征。周翠英等人以单变量摩擦定律为基础，结合边坡条块简化动力学模型，建立由滑动面剪应力、滑坡速率、滑坡位移定义的单条块分岔演化模型；引入协同绝热近似假设，提出边坡位移速率预测的分岔预测模型，并提出边坡混沌动力学演化预警标准。金海元等人在总结国内外有关滑（边）坡预测预报成果的基础上，设计出适合锦屏一级水电站边坡的综合预测预报模型，初步给定边坡 4 项预警临界值（位移速率、位移切线角、地震峰值加速度、降雨量）。2009 年，许强等人依托于大量滑坡变形监测数据，提出基于加速度的滑坡临滑预警方法和临滑预警指标，并且通过对斜坡累计位移-时间曲线进行坐标变换，获得改进切线角预警判据。缪海波等人应用时间序列分析方法建立滑坡变形趋势的预测模型。Herrera 等人考虑黏滞特性，基于莫尔-库仑准则引入降雨强度，并通过一个简单的固结公式考虑超孔隙水压力的消散，采用回归分析方法建立一维无限模型，对边坡的演化过程进行预测，并与 DGPS（差分全球定位系统）监测数据对比。

2011 年，李聪等人建立了 31 个典型岩质滑坡组成的滑坡数据库，基于滑坡数据库、工程类比和模糊综合评判方法开发了滑坡实例推理系统。2012 年，Intrieri 等人以裂缝和降雨量作为预警判据，对意大利 Torgiovannetto 滑坡的变形过程进行了预测。2014 年，王佳佳和殷坤龙基于 WEBGIS 和四库一体技术，开发了三峡库区滑坡灾害预测预报系统。同年，王俊等人基于无限边坡算法，构建了较为简单的实验室降雨型滑坡技术性预警系统。2015 年，杜岩等人基于自振频率，给出了一种强扰动作用下新的识别滑坡安全指标的快速评价方法。2016 年，贺可强等人运用边坡坡体损伤变量分析和研究了其蠕滑变形特征与位移演化规律，提出了基于边坡位移监测确定其稳定性系数的方法。

1.2　存在的问题及本书研究目标

在过去 50 余年的研究发展历程中，边坡变形破坏研究经历了从现象认识→地质分析→岩体力学分析→机制分析→定量评价的发展历程，已取得了令人瞩目的成就。然而，随着人类工程活动的加剧，尤其是我国大规模的资源和能源开发以及基础设施建设，边坡的高度越来越大，形状越来越复杂，边坡工程研究领域还存在不少亟待研究和解决的问题。概括起来主要包括以下几方面：

（1）在边坡变形破坏研究中，由于边坡的形成演化、赋存的复杂地质环境及岩土体参数的复杂性、多变性和随机性，同时存在着外界荷载条件、开挖方式的影响，导致了边坡变形破坏信息极难捕捉，如果没有扎实的工程地质基础工作和正确的数学模型，边坡稳定性分析计算都是无根据的，计算结果也不能让人信服。

（2）以往的研究对规则边坡、单一岩体边坡和开挖面为平面的边坡研究较多，而对非规则边坡、复杂岩体边坡和开挖面为曲面的边坡研究很少。然而，随着工程实践的深入，非规则、复杂岩质边坡将会逐渐增多。如何正确分析和评价非规则、复杂岩体边坡的整体稳定性和局部稳定性，仍然是今后工程边坡研究应重视的方向。

（3）我国对于边坡施工中的监测工作还不够重视，往往是在工程出现险情时，或是在项目实施过程中才开始考虑监测问题，往往会比较被动，所以应该在项目开展的初期就着手边坡变形监测工作。另外，大多数现行的分析方法都是离线的（事后的），不能进行有效预报与监控，无法在紧急关头为突发性灾害提供决策咨询。这与目前的自动化实时、动态监测系统的要求很不相符，为此研究动态分析与实时监控的方法将成为边坡变形监测技术的关键。只有在生产建设过程中，有一整套完备的监测数据资料才能对生产安全进行有效、动态的监控和及时、科学的危险预警。

（4）由于边坡变形破坏的复杂性、随机性和不确定性，要想准确预测预报边坡的失稳是非常困难的。已有的研究很多都是针对监测数据简单地拟合预测边坡变形曲线，而未考虑降雨、爆破震动等诸多不确定性因素对变形的影响。而且预报边坡失稳破坏多是对方法的探讨，而对与边坡失稳密切相关的一些基本问题重视不够，例如，边坡变形机制、阶段与预报的关系，监测信息处理以及关键监测信息的选取等。另外，已有的预报方法和理论，还没有系统化和实用化，真正的边坡失稳预报系统还很少见。

（5）人们对滑坡的研究多，而对工程边坡的研究相对较少。直到 20 世纪 90 年代，我国才专门立项对岩质边坡的稳定性和加固技术进行系统研究。至今，对复杂岩体工程边坡的研究还未形成一套系统完善的技术方法体系。在工程应用方面，与国外相比，我国在边坡自动监测和失稳预报技术及相关设备和仪器等方面，还存在明显的差距。

基于上述问题，本书以首钢矿业公司水厂铁矿复杂岩体高陡边坡为具体研究对象，在系统科学方法论的指导下，充分考虑边坡所赋存的复杂地质环境条件对边坡工程的控制作用，将复杂岩体边坡的破坏模式、稳定性分析、边坡监测、降雨入渗影响、失稳预测预报等问题组成一个研究链，在了解国内外研究现状和收集前人研究资料的基础上，采用工程勘查、理论分析、试验测试、数值模拟、现场监测、人工智能等多重综合集成研究方法，从工程实践和基础理论两方面研究复杂岩体边坡变形的规律、破坏机理、失稳预测预报模型。

2 矿山复杂岩体边坡工程地质环境研究

2.1 概　　况

首钢矿业公司水厂铁矿位于河北省迁安市境内，西至北京 200km，西南至唐山 80km，东南至迁安市 20km。矿区地理坐标为：东经 118°32′~118°36′，北纬 40°06′~40°09′，是一座大型变质岩型磁铁矿床。矿山于 1968 年建成投产，1986 年进行了扩建，是首都钢铁集团公司重要铁矿石基地之一。

矿山所在区域位于温带大陆性气候区，四季变化显著，夏季最高气温 38.6℃，冬季最低气温-24.5℃，年平均气温 10.1℃，每年冰封期从 11 月至翌年 3 月，一般冻结深度约 1m，风向春、秋、冬三季多西北风，夏季多西南风，风速 1~3.6m/s，风力可达 5~6 级，没有灾害性飓风；年均降水量 605.5mm，最大年降水量 1152mm，最大日降水量 344.8mm，最大时降水量 172mm，降雨多集中在 7、8、9 三个月，约占年降雨量的 80%；本区常年干旱，平均年相对湿度 61.5%，平均年蒸发量为 1882.5mm，蒸发量大于降雨量。

水厂铁矿包括南、北两个露天采场，两个采场在+34m 水平以上连通，在 +34m 以下形成两个独立采境。本书以矿区北区采场部分采区（见图 2-1）为研究对象。北区采场最终境界参数为：采场尺寸地表（长×宽）为 2900m×（800~ 1200）m、采底尺寸（长×宽）为 180m×60m，采场边坡最高标高为 310m，最低开采

(a)   (b)

图 2-1　水厂铁矿北区采场开采现状

（a）上盘；（b）下盘

标高－350m，采场封闭圈标高＋80m，采场总体边坡角41°～46°，台阶坡面角65°。其中，台阶高度在＋190m以上和＋10m以下为15m，而＋190～＋10m台阶高度为12m，目前北区采场生产台阶已降至－200m水平，边坡上部局部台阶已经靠帮。

2.2 区域地质环境

2.2.1 区域构造

该区域处于燕山沉降带中山海关台凸与蓟县凹陷的过渡地带，即华北地台北缘马兰峪—山海关复背斜中，按地质力学观点，本区位于阴山巨型纬向构造体系的东南部边缘与新华夏体系的复合部位。

本区基底构造属于山海关台凸中的古迁安隆起的西缘，其形态为向西突出的弧形构造带。其走向自北向南为 NE—SN—NW—EW，长约 38～40km，宽约 5～8km。该弧形构造带实际是个复杂褶皱带；矿区北部即横山以北，由两个平行的复向斜和一个复背斜组成的"W"型复向斜带，又称为东西矿带；在矿区南部即横山以南，亦由两个复向斜和一个复背斜组成，形态更为复杂。本区地层构造，主要为单斜岩层的褶皱构造，分布于前震旦系周围、唐山大背斜及佛峪院大断裂以南区域。

区域弧形构造带主要受纬向断裂构造分割，北有五重安大断裂、黄金寨大断裂，中有刘官营大断裂、横山大断裂，南有佛峪院大断裂，矿区即位于黄金寨大断裂与刘官营大断裂之间。这个弧形构造带的产生与发展，除受 NE 及 EW 向构造体系控制以外，还受到 SN、NW 等构造体系互相迭加的影响，呈现出多重复杂的态势。

2.2.2 区域地层

本区地层由一套经受深变质和混合岩化作用的前震旦系变质岩和震旦系及其后的沉积地层组成。前者分布最广，又是本区铁矿带的含矿岩层。震旦系及其以后的沉积地层包括震旦系、寒武系、奥陶系、石迭系、二迭系、侏罗系、白垩系及第三系、第四系等地层。

区内变质岩是由区域性的构造运动和岩浆活动引起的一种大面积的区域变质作用造成的，变质岩的范围达数百或数千平方千米，具有多期性的特点。早期为麻粒岩相，晚期为角闪岩相。本区的区域变质作用主要是混合岩化作用和后期热液蚀变作用，其中混合岩化作用广泛而不均匀，根据混合程度的不同可分为混合化岩石、混合岩和混合花岗岩三大类，以前者分布最为广泛。

区内火成岩化活动频繁，在时间上和空间上分布不均，岩性复杂、种类多、规模小。岩性由超基性岩（橄榄岩、辉岩），基性岩（角闪岩、辉长岩、辉绿岩），中性岩（辉石闪长岩、蚀变闪长岩）到酸性岩（花岗岩）等，产状由侵入到喷出，时代自前震旦系到新生代。

2.3 边坡工程地质分区

由于北区采场不同部位工程地质岩组分布不同，边坡要素及方位不同，岩体变形破坏类型不同，为了更准确地反映各区段边坡的客观实际，需要对采场边坡进行工程地质分区。北区采场工程地质分区划分依据：（1）工程地质岩组特征；（2）岩体结构特征；（3）岩体不连续面特征；（4）采矿设计及边坡方位特征。将北区采场划分为Ⅰ~Ⅴ五个工程地质区（见图2-2）。

就整个采场而言，北区采场工程地质条件十分复杂，各分区边坡稳定性状况亦不相同。从现场边坡工程地质调查和分析结果来看：Ⅰ区边坡垂直高度较大，边坡上部松散体稳定性差，下部有多条断层穿错交汇，工程地质状况十分复杂。Ⅱ区和Ⅳ区相对于Ⅲ区和Ⅴ区边坡地质条件复杂，局部台阶边坡破坏势难避免，在一定程度上Ⅳ区状况更为严重。本书主要针对2002年至今发生滑坡或边坡破坏较重的区段，北区采场Ⅰ区北端及下盘Ⅱ区和上盘Ⅳ区部分区段（即北区采场17号~25号勘探线之间）采区边坡岩体的变形破坏进行研究。

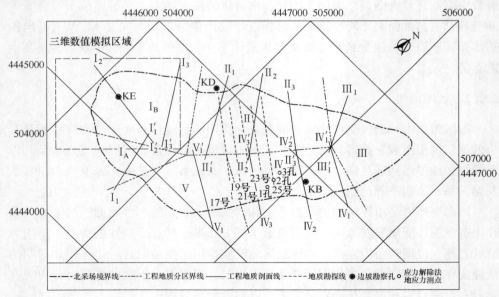

图 2-2 北区采场边坡工程地质分区示意图

2.4　矿区地层及边坡工程地质岩组特征

2.4.1　矿区地层

矿区北区采场出露地层主要为太古界桑干群三屯营组二段结晶变质岩系，上元古界震旦系常州沟组长石石英砂岩、角砾岩，新生界第三系新集组火山熔岩、砾岩夹泥岩（火山角砾岩）及第四系坡积、洪积层及人工堆填碎石土。地层由老到新分别为：

（1）太古界桑干群三屯营组二段（ArS^2）：紫苏混合花岗岩（ArS^{2-1}）；辉石斜长片麻岩（ArS^{2-2}）；紫苏黑云斜长片麻岩（ArS^{2-3}）；磁铁石英岩（ArS^{2-4}）；矽线黑云斜长片麻岩（ArS^{2-5}）；磁铁石英岩（ArS^{2-6}）；

（2）震旦系常州沟组（Z_1C）；

（3）第三系新集组（E_2X）；

（4）第四系地层（Q）。

2.4.2　研究区域边坡位置和形状

Ⅰ区研究区段（见图2-3）位于采场西北端帮，边坡走向由北西转向北渐变为北东向，呈扇形弧线边坡，坡面倾向由北东向转变为东渐变为南东向。设计总体边坡角为41°，临接将军墓岭山顶尚有台阶边坡角为65°。边坡最高标高为310m，其上有22m的自然山坡，采坑最低标高为−350m，边坡直接垂直高度为660m。

Ⅱ区研究区段位于北区采场下盘北帮中部，边坡走向与采场长轴方向一致，总趋势为NE向，中部稍有波动，呈单面边坡形状。设计总体边坡角为46°，台阶坡面角为65°，边坡最高标高为153m，坑底最低标高为−350m，边坡垂直高度为503m。

Ⅳ区研究区段位于北区采场上盘南帮中部，边坡走向与采场长轴方向一致，为NE向，坡面倾向为NW向，呈单面边坡。设计总体边坡角为45°，台阶边坡角为65°，边坡最高标高为153m，坑底最低标高为−330m，边坡垂直高度为483m。

2.4.3　边坡工程地质岩组及风化特征

岩体的工程地质评价是边坡工程研究的基础，边坡岩体特征的研究又是工程评价的基础。为准确地反映岩体物质的自然特征，以便对边坡岩体工程地质条件做出客观的评价，需要对工程地质岩组进行划分。工程地质岩组的划分是以地层和岩石建造为基础，以岩性特征、成层环境、结构特征为重要依据。

图 2-3   研究区段边坡现状
（a）Ⅰ区研究区段；（b）Ⅱ区研究区段；（c）Ⅳ区研究区段

Ⅰ区工程地质岩组类型，主要包括松散岩组、火山碎屑岩组、火山熔岩组、砾岩组、长石石英砂岩组、磁铁石英岩组、矽线黑云斜长麻岩组及紫苏黑云斜长麻岩组和构造岩组等类型。岩性包括上部的人工堆填碎石土、坡积、洪积砂砾石、亚砂土、亚黏土为松散层，呈松散状态，强度极低。其中将军墓岭下的人工堆填碎石土厚度大，可达百米以上，分布范围广；在松散层之下为第三系砾岩类泥岩和火山角砾岩，砾岩为中厚层至巨厚层，其胶结物中含较多的泥质、钙质，故岩石脆性大，容易裂开，强度一般较低；泥岩及火山角砾岩夹层，厚薄极不均匀，局部泥岩呈巨厚层透镜体状，风化速度快，风化后呈松散状态，强度极低。

Ⅱ区研究区段边坡岩体上部为松散层岩组，其下为火山碎屑岩组、火山熔岩组和砾岩组。边坡中下部为各类变质岩岩组，包括矽线黑云斜长片麻岩组、磁铁石英岩组、紫苏黑云斜长片麻岩组等。其边坡体上部岩性为人工堆积碎石土及坡积、洪积砂砾石、亚砂土、亚黏土，分布范围广，厚度变化大，强度低；松散层下为砾层夹泥岩，砾岩胶结物中含较多泥质、钙质，脆性较大，易风化，泥岩及火山角砾岩夹层极易风化，风化后强度低。边坡中部和下部岩体为各种变质的斜长片麻岩及磁铁石英岩，强度高；局部为基性脉岩，因强烈绿泥石化，强度较弱。

Ⅳ区研究区段边坡体主要为各类变质岩岩组，即辉石斜长麻片岩组、紫苏里黑云斜长片麻岩组、磁铁石英岩组、矽线黑云斜长片麻岩组等。另外，边坡上部局部可见松散岩组，沿断层和断层处局部分布，基性脉岩岩组和构造岩组。边坡体主体岩性为各种变质岩，其中多为各种混合片麻岩，部分为混合花岗岩、磁铁石英岩及辉石片麻岩，受构造及变质作用，岩石蚀变强烈，节理和片理十分发育，岩体破碎，岩块致密坚硬，强度高，而在松散岩组和构造岩组构成的散体边坡处，岩体强度很低。

2.5　边坡地质构造特征

2.5.1　研究区域边坡断裂构造特征

水厂铁矿采场断裂构造极其发育，分布广泛而复杂，仅已发现比较重要且有命名的多达40条以上。

如图2-4所示，Ⅰ区边坡岩体断层发育，共发育有 $F_{将}$、F_{11}、F_{36}、F_8、F_{15}、

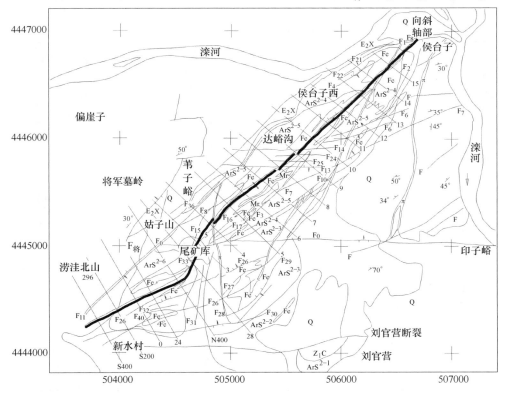

图 2-4　水厂铁矿构造图

F_5、F_{28}、F_{16}等主要断层。其中，边坡中上部出露有$F_{将}$、F_{36}、F_{11}、F_8、F_{15}诸断层，其走向均与该处边坡的走向相同或呈小角度相交，且F_{11}、F_{15}断层的倾向与该处局部边坡面的倾向相同，$F_{将}$为大型逆断层，虽然断面的倾向与坡面的倾向相反，但断层将强度低的第三系砾岩夹泥岩（泥岩在附近呈巨厚层）推掩于震旦系地层之下，使得泥岩形成高达百米以上山体的软弱基地层。

Ⅱ区研究区段断层相对不发育，在采场底部附近有F_5断层，中下部有F_8断层贯穿而过，对深部边坡稳定性可能造成不利影响。另有F_{13}、F_{14}、F_{24}、F_{25}诸断层呈近东两向分布，斜切边坡，不会直接构成滑面，但切割边坡体破坏边坡的完整性。

Ⅳ区研究区段断层发育，主要出露有F_3、F'_6、F_1、F_{10}、F_7、F_{13}、F_{14}、F_{24}、F_{25}等，遍布全区。在采坑底部附近有F_3断层顺坡向穿过，切割了边坡底部岩体；中部有F'_6、F_{13}、F_{14}、F_{24}、F_{25}等断层呈大角度斜切边坡；上部有F_1、F_7、F_{10}等断层与边坡走向平行或呈小角度穿过边坡，给边坡带来了不利影响；特别是F_3、F_1、F_7等断层，由于断层面倾向与边坡面近于一致，在坡面出露的范围广，对边坡稳定性影响显著。

研究区段断层特征见表2-1。

表2-1　研究区段断层特征一览表

名称	产状 （倾向/倾角）	性质	规模（m/m） （长度/垂断）	影响区段	备注
F_5	SE/69°~88°	正	2250/ >100	Ⅰ、Ⅱ、Ⅳ	充填 π
F_8	NW/71°~86°	正	1000/ >25	Ⅰ、Ⅱ、Ⅳ	
F_{13}	N/80°	逆	400	Ⅱ、Ⅳ	
F_{14}	S/84°	逆	350	Ⅱ、Ⅳ	
F_{24}	N/84°	逆	350	Ⅱ、Ⅳ	
F_{25}	S/80°	逆	300	Ⅱ、Ⅳ	
F_1	NW/74°~87°	正	2040/ 5~70	Ⅳ	充填 π
F_3	NW/65°~80°	正	2600/10~170	Ⅳ	充填 π
F'_6	SE/85°	正	680/32	Ⅳ	
F_7	NW/72°~82°	正	1800/180	Ⅳ	
F_{10}	SE/75°	逆	1100/135	Ⅳ	
$F_{将}$	NW/45°	逆		Ⅰ	
F_{11}	SE/79°~86°	逆	1000	Ⅰ	
F_{15}	SE/73°~83°	逆	360	Ⅰ	
F_{16}	NW/78°	正	250	Ⅰ	
F_{28}	E/58°~84°	逆	>1500	Ⅰ	
F_{36}	NW/85°	正	300	Ⅰ	

注：π 为基性脉岩。

2.5.2　边坡岩体不连续面的统计分析

边坡岩体不连续面的产状、规模、密度、形态及其组合关系，控制了边坡的稳定性、破坏模式和破坏程度。因此，对边坡岩体中的不连续面参数进行实地测量和统计分析，以期获得不连续面特征及其组合分布规律，是进行边坡稳定性分析和计算的基础。

现场实测显示，Ⅱ区研究区段边坡岩体节理裂隙十分发育，尤其是走向与边坡的走向相同、倾向与坡面的倾向一致的一组节理，常形成大光面，直接构成台阶边坡破坏面，十分发育，对边坡稳定性影响不利。Ⅳ区研究区段岩体蚀变严重、节理、片理十分发育，特别是与边坡走向平行，倾向与边坡一致的一组节理面尤其发育，节理面多为平直光滑或呈舒缓波状起伏，延伸大，出现数十甚至达上百平方米大光面，常可跨一个或数个台阶，节理面常有擦痕、阶步，并常见少量的泥质、铁制或绿泥石生成，边坡体容易沿此组节理面滑落，形成滑坡。以地表实测的不连续面特征参数为依据，运用加拿大多伦多大学 Diederichs 研究开发的 DIPS 节理统计分析程序，对现场实测节理进行了统计分析，绘制节理极点图和等密度图，如图 2-5、图 2-6 所示。

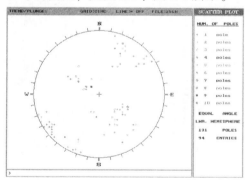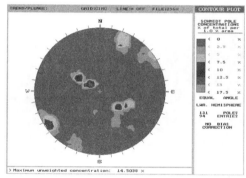

图 2-5　Ⅱ区研究区段附近节理极点图和等密度图

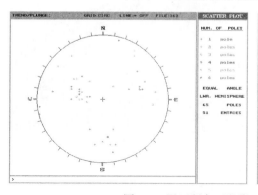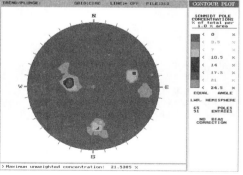

图 2-6　Ⅳ区研究区段附近节理极点图和等密度图

2.6　边坡岩体结构特征及岩体破坏模式分析

2.6.1　边坡岩体结构特征

根据岩体工程地质条件和形成采场边坡的实际状况，Ⅰ区上部边坡主要为人工堆积碎石土或第四系松散体，呈散体结构，强度很低；仅将军墓岭局部为硅层砾岩与泥岩夹层为层状结构，总体强度一般。Ⅰ区中下部边坡则以块状结构为主，强度高；在断层中或断层附近，节理十分发育处，岩体呈碎裂结构，局部为散体结构，强度偏低。

Ⅱ区研究区段上部边坡为散体结构，其下为层状结构，层面倾向为 NW330°～340°，倾向与坡面倾向相反，倾角为 18°～25°；边坡中部和下部为块状结构，部分为碎裂结构。Ⅳ区研究区段边坡岩体结构以块状结构为主，部分为碎裂结构，仅在边坡上部部分地方可见散体结构。

研究区段主要边坡岩体结构特征，如图 2-7 所示。

图 2-7　研究区段主要边坡岩体结构特征
（a）散体结构；（b）层状结构；（c）块体结构；（d）碎裂结构

2.6.2 边坡岩体潜在破坏模式分析

根据现场调查资料的理论分析及采场滑坡特征的综合分析，位于采场两端的边坡岩体稳定性较好，台阶破坏的频率和规模较小；而在采场上、下两盘边坡破坏比较普遍，多发生单个台阶的局部破坏，多个台阶的局部区域破坏也常有发生。破坏的形式主要为局部沿节理面的平面破坏或楔体破坏，也发生有倾倒或平面剪切的复合型破坏，往往形成台阶坡顶滑塌，使岩土物料堆积于平台之上。

Ⅰ区边坡上部松散岩土体结构松软、厚度大、强度低、边坡稳定性极差，可形成圆弧形破坏。其台阶边坡可形成散体崩塌，如小规模的塌方、泥石流和冲沟破坏。层状结构的岩土体可形成冲沟、单滑面破坏及楔形、崩塌等破坏。中下部边坡为块状或碎裂结构，由于该区地质构造复杂，多条断层岩脉交错切割，岩体破碎，风化严重，深部边坡稳定性必将受到影响。可形成简单平面破坏和复合平面破坏、楔形破坏及各种阶梯状破坏，局部为圆弧形破坏和倾倒破坏。

Ⅱ区研究区段上部散体结构边坡主要潜在破坏模式为圆弧形破坏；层状结构边坡主要为崩塌破坏、楔形破坏。下部块状及碎裂结构边坡可形成各种平面破坏、倾倒破坏等。Ⅳ区研究区段以块状结构边坡为主，亦存在碎裂结构和局部散体结构边坡，其破坏模式主要受结构面及其组合控制，易发生各种平面滑坡，其中以单滑面破坏为主，兼有楔形破坏、倾倒破坏和圆弧形破坏，并潜在阶梯状破坏。

边坡岩体破坏模式示意图，如图 2-8 所示。

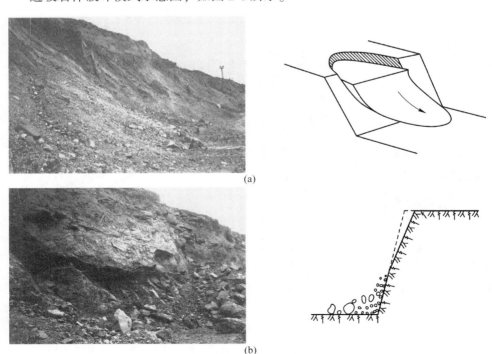

(a)

(b)

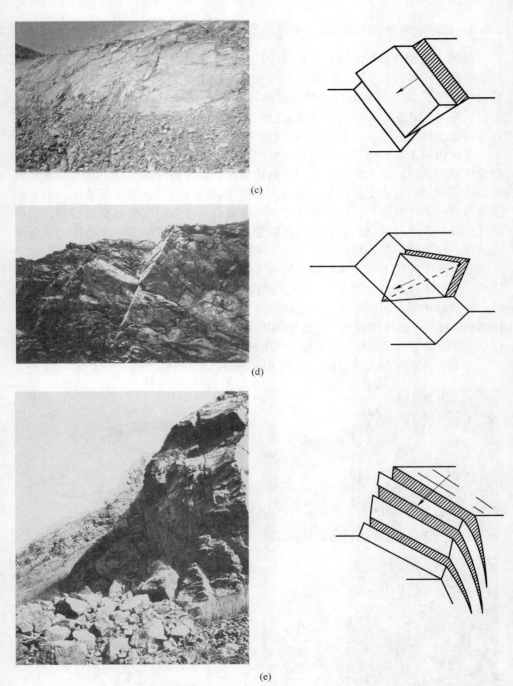

图 2-8 边坡岩体破坏模式示意图

(a) 圆弧形破坏；(b) 崩塌破坏；(c) 单滑面破坏；(d) 楔形破坏；(e) 倾倒破坏

2.6.3 滑坡调查与分析

采场边坡稳定性调查显示，露天采场边坡受北山向斜构造控制，边坡上、下两盘岩体均处于向斜两翼。历史上构造地质变动频繁，采场范围内各级断层错综复杂。边坡岩体的混合岩化作用和变质作用强烈，节理、裂隙、片理等异常发育，且不连续面的延展性和连续性较好，破坏了边坡岩体的完整性和稳固性。加上采矿活动过程中，当边坡岩体被揭露，长期暴露地表经受温度、雨水等物理风化及化学蚀变等作用，进一步降低了边坡岩体的稳定性。

从开采历史看，根据采场生产记录，1986 年至 1990 年期间，共发生各类大小滑坡 109 处，其中规模较大的就有 6 处。边坡的主要不稳定区段，一是北区采场下盘 3 号~23 号勘探线之间，二是北区采场上盘 17 号~45 号勘探线之间。近年来已发生有代表性的规模较大的滑坡有两处，简述如下：

（1）Ⅱ区研究区段滑坡。位于北帮下盘 17 号~23 号勘探线区域，2002 年 3 月，在 104~34m 标高边坡形成坍塌。2002 年 6 月 12 日，在本区破碎站下方 116~44m 标高掌子面上出现多条裂缝。起始裂缝宽 0.5m，很快发展到 1.5m，岩体整体位移达 3m，长约 70~90m。矿山对滑体及时进行了清理。同年 9 月，其附近又发生第二次滑坡，影响长度约 30~50m。其后一个月，在距此滑坡南西方向约 150m 的同一台阶又发生第三次滑坡，边坡影响长度约 60~70m，至现场调查时，滑体大多已经处理。三次滑坡累计长度约 200m，滑体最大垂高 72m，滑面为与边坡平行的同一组节理面，滑面倾向南东，与边坡倾向一致，产状为 136°~161°∠63°~85°。滑体发生在第三系砾岩夹泥岩（火山角砾岩）中，岩性特征砾岩为紫红色、厚层状，砾石成分为片麻岩、混合花岗岩、磁铁石英及安山质、玄武质火山角砾岩组成，砾石含量 30%~70% 不等，呈泥质或钙质胶结，单个砾石脆硬、强度高，但结构松散、基质易风化、力学强度不大。泥岩以泥质为主，含较多砂质成分，成层状，有一定强度，但一经揭露，迅速风化干裂，易崩解破碎成散体，遇水极易软化膨胀，强度极低。此岩层构成的边坡，由于砾岩与泥岩形成夹层，砾岩结构松散、基质易风化，泥岩遇水崩解强度低，支持不住上部厚层状砾岩的重量，而此边坡沿走向方向又发育大型节理面，形成断裂面，极易发生滑坡（见图 2-9）。

图 2-9 北区采场下盘 104~34m 水平滑坡全景

（2）Ⅳ区研究区段滑坡。位于上盘23号~25号勘探线区域，自2004年3月，在56m水平安全平台发现一条裂缝以来，呈不断扩大发展趋势。同年3月底，变形范围由最初的56~34m水平两个台阶，发展到80~34m水平四个台阶；至4月底，发展到80~10m水平六个台阶（见图2-10）。由最初的水平移动，发展到水平移动、垂直沉降并举，特别是80m水平垂直方向沉降幅度最大为35cm，34m平台裂缝最大宽度为20cm，最大贯通深度为40cm。

整个滑坡体呈长舌状，滑体上口在80m水平，宽度为50m。根据滑面产状预计滑出口在10m水平，宽度为18m，滑体

图2-10　北区采场上盘80~10m
水平滑坡全景

周界十分明显，张裂隙十分发育，绝大部分呈开口状，开口宽度约10~30cm不等。在56~34m水平、80~56m水平坡面出现滑坡台坎现象，34~22m局部地段发生较小规模的岩块崩塌，整个滑坡体体积约为3020m³。

构成此段边坡岩体，主要为辉石斜长片麻岩、斜长黑云片麻岩、混合片麻岩，风化程度中等。56~34m、80~56m水平边坡发生的变形，其成因机制都是由于大型A型节理造成的，节理倾向为300°~320°，倾角为60°~62°。这种节理的特点：节理走向与边坡走向近平行、倾向与边坡面相同、倾角约小于坡面角、以大光面形式出露，一般长十几米到数十米，破坏深度多为一个到多个台阶（80~22m五个台阶均发育），受其影响将产生单滑面变形，而且受光面产状控制明显。即当其愈缓，破坏方量愈大，这是造成边坡发生变形的主要原因。另外，80m平台新发育的裂缝还受一组与边坡走向斜交、倾向与坡面相近的节理（即D型节理）的影响，走向10°、倾向100°、倾角85°，与A型节理共同形成楔形体，发生楔形破坏。此外，该部位34m水平以上的边坡形成于2001年以前，爆破对边坡破坏较大。一方面破坏了边坡岩体的完整性，岩体中裂隙十分发育，不同程度呈张开状，为地下水、地表水的渗透提供了通道，从而大大降低了岩体的强度；另一方面，由于坡面欠挖呈帽沿状，特别80~56m、56~34m坡面的坡顶都有帽沿，而底部呈悬空状，岩体长期处于悬空状态，再加上潜在滑面的存在，长期作用的结果不可避免使边坡发生失稳。

3 边坡岩体开挖的数值模拟研究

3.1 研究方法及对象

岩体不仅是一种材料，更是一种地质结构体，它具有非均质、非连续、非线性，以及复杂的加卸载条件和边界条件，使得岩石力学问题通常无法用解析方法简单地求解。目前国内外进行边坡岩体稳定性分析的手段主要有物理模拟和数值模拟。由于计算机技术的高速发展和物理模拟的局限性，数值模拟已经成为进行边坡变形破坏机理研究的主要手段。它不仅能模拟岩体的复杂力学与结构特性，还可以很方便地分析各种边值问题和施工过程，并对边坡开挖变形与破坏进行预测和预报。

根据工程地质分区，对水厂铁矿北区采场上盘Ⅳ区 21 号勘探线所在剖面和Ⅰ区北端边坡进行稳定性分析。

3.2 非线性有限差分方法及 FLAC 计算程序简介

3.2.1 有限差分法

目前在岩土力学中所用的数值分析方法主要有：有限差分法、有限单元法、边界单元法、离散单元法等。这里采用拉格朗日有限差分法研究边坡开挖卸荷变形过程。有限差分法是解算给定初值和（或）边值的微分方程组的数值方法。其主要思想是将待解决问题的基本方程组和边界条件（一般均为微分方程）近似地改用差分方程（代数方程）来表示，即由空间离散点处的场变量（应力、位移）的代数表达式代替。这些变量在单元内是非确定的，从而把求解微分方程的问题转化成求解代数方程的问题。

有限差分法相对高效地在每个计算步重新生成有限差分方程，通常采用"显式"，时间递步法解算代数方程。有限差分数值计算方法，用相隔等间距 h 而平行于坐标轴的两组平行线划分成网格（见图 3-1）。设 $f = f(x, y)$ 为弹性体内某一个连续函数，它可能是某一个应力分量或位移分量，也可能是应力函数、温度、渗流等。

这里介绍显式有限差分算法——时间递步法，时间递步法首先调用运动方程，由初始应力和边界力计算出新的速度和位移。然后，由速度计算出应变率，进而获得新的应力或力。每个循环为一个时步。如图 3-2 所示是显式有限差分计算流程图，每个图框是通过那些固定的已知值，对所有单元和结点变量进行计算更新。

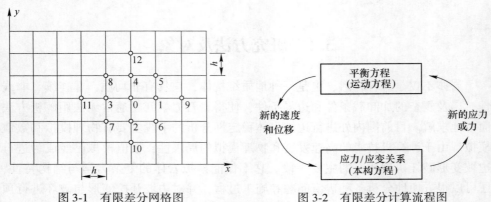

图 3-1　有限差分网格图　　　　　图 3-2　有限差分计算流程图

显式算法的核心概念是计算"波速"总是超前于实际波速。所以，在计算过程中的方程总是处在已知值为固定的状态。这样，尽管本构关系具有高度非线性，显式有限差分数值法从单元应变计算应力过程中无需迭代过程，这比通常用于有限元程序中的隐式算法有着明显的优越性。该算法的缺点是时步很小，这就意味着要有大量的时步。因此，对于高度非线性问题、大变形、物理不稳定等，显式算法是最好的。而在模拟线性、小变形问题时，效率不高。

由于显式有限差分法无需形成总体刚度矩阵，可在每个时步通过更新结点坐标的方式，将位移增量加到结点坐标上，以材料网格的移动和变形模拟大变形。这种处理方式称为"拉格朗日算法"，即在每步计算过程中，本构方程仍是小变形理论模式，但在经过许多步计算后，网格移动和变形结果等价于大变形模式。

用运动方程求解静力问题，还必须采取机械衰减方法来获得非惯性静态或准静态解，通常采用动力松弛法，在概念上等价于在每个结点上联结一个固定的"黏性活塞"，施加的衰减力大小与结点速度成正比。

3.2.2　FLAC 程序简介

本研究采用美国明尼苏达大学和 Itasca 咨询公司开发的有限差分计算程序 FLAC（Fast Lagrangian Analysis of Continua）进行计算。该程序主要适用模拟计算地质材料和岩土工程的力学行为，特别是材料达到屈服极限后产生的塑性流动。材料通过单元和区域表示，根据计算对象的形状构成相应的网格。每个单元在外载荷和边界约束条件下，按照约定的线性或非线性应力-应变关系产生力学响应。由于 FLAC 主要是为岩土工程应用而开发的岩土力学计算程序，程序中包括了反映岩土材料力学效应的特殊计算功能，可解算岩土类材料的高度非线性（包括应变硬化/软化）、不可逆剪切破坏和压密、黏弹（蠕变）、孔隙介质的渗流-应力耦合、温度-应力耦合以及动力学行为等。FLAC 程序设有多种本构模型：（1）各向同性弹性材料模型；（2）横观各向同性弹性材料模型；（3）莫尔-库仑弹塑性材料模型；（4）应变软化/硬化塑性材料模型；（5）双屈服塑性材料模型；（6）遍布节理材料模型；（7）空单元模型，用来模拟岩土体开挖。

程序设有界面单元，可以模拟断层、节理和摩擦边界的滑动、张开和闭合行为。支护结构，如砌衬、锚杆、可缩性支架或板壳等与围岩的相互作用，也可以在 FLAC 中进行模拟。此外，程序允许输入多种材料类型，亦可在计算过程中改变某个局部的材料参数，增强了程序使用的灵活性，极大地方便了在计算上的处理。同时，用户可根据需要在 FLAC 中创建自己的本构模型，进行各种特殊修正和补充。

同有限单元程序相比较，FLAC 具有以下特点：

（1）采用由 Marti 和 Cundall 提出的混合离散法（mixed discretization），可以使塑性破坏和塑性流动得到正确体现；

（2）对静态系统模型也可采用动态方程来进行求解；

（3）采用显式解析法。

基于上述计算功能与特点，这里采用 FLAC^{2D}、FLAC^{3D}，分别对水厂铁矿北区采场上盘Ⅳ区 21 号勘探线剖面边坡及Ⅰ区北端边坡开挖过程进行数值模拟。

3.3　边坡开挖二维数值模拟研究

3.3.1　二维数值计算模型

21 号勘探线剖面边坡开挖前数值计算模型岩性分布图与最终开挖形态数值计算模型与监测点分布，分别如图 3-3、图 3-4 所示。

Ⅳ区 21 号勘探线所在剖面位于北区采场南帮中部，边坡走向与采场长轴方向一致，为 NE 向，坡面倾向为 NW 向，呈单面边坡。设计总体边坡角上部 46°，下部 48°，上、下部分界位于 -50m 水平，台阶边坡角 65°，边坡最高标高 110m，坑底最低标高 -304m，边坡垂直高度 414m。通过对工程地质岩组特征、地质构造、边坡岩体结构等的分析，确定该部位整体边坡主要潜在的破坏模式为平面破坏，采用 FLAC 数值模拟对边坡稳定性进行分析。

由于水厂铁矿开采范围较大，整个采场在环线方向的变形很小，可以忽略不

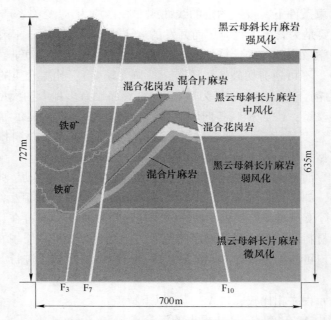

图 3-3 21 号勘探线剖面边坡开挖前数值计算模型岩性分布图

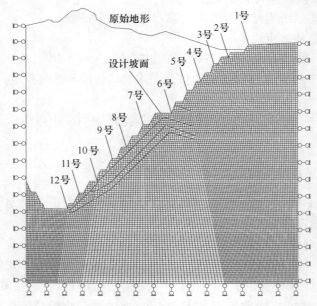

图 3-4 21 号勘探线剖面边坡最终开挖形态数值计算模型与监测点分布

计。因此，针对 21 号勘探线所在剖面边坡进行力学分析，用平面应变模型假设，即垂直于计算剖面方向的变形为零。取模型宽度为 700m，高度从水平 −500m 起，模拟到 300m，总高度 800m。模型共有 140mm×160mm 个平面单元，其中包括 F_3、F_7 与 F_{10} 三条断层。单元网格平均尺寸 5m×5m。图 3-3 与图 3-4 分别显示该剖面数值计算模型开挖前的岩性分布和边坡最终开挖形态及监测点的位置。模型两侧限制水平方向移动，模型底面限制垂直方向移动。

3.3.2 力学模型和参数

3.3.2.1 力学模型

力学试验表明，当载荷达到屈服极限后，岩体在塑性流动过程中，随着变形保持一定的残余强度。因此，本计算采用理想弹塑性本构模型莫尔-库仑（Mohr-Coulomb）屈服函数描述：

$$f_s = \sigma_1 - \sigma_3 \frac{1 + \sin\varphi}{1 - \sin\varphi} - 2C\sqrt{\frac{1 + \sin\varphi}{1 - \sin\varphi}} \tag{3-1}$$

式中，σ_1，σ_3 分别是最大和最小主应力；C，φ 分别是黏结力和内摩擦角。

当 $f_s > 0$ 时，材料将发生剪切破坏。在通常应力状态下，岩体的抗拉强度很低。因此，可根据抗拉强度准则（$\sigma_3 \geqslant \sigma_t$）判断岩体是否产生拉破坏。

3.3.2.2 岩体宏观力学参数研究

岩体宏观力学参数的研究是岩石力学最基本，也是最困难的研究课题之一。岩体宏观力学参数获取方法主要有：试验方法、数值分析方法、经验分析法和地球物理方法。其中，室内岩块试验几乎涉及每一项工程建设，是人们掌握岩石力学性质最基本而又是必不可少的手段之一，也是获得宏观力学参数的基础。但是由于岩块脱离了岩体以及尺寸的限制，其力学性质和岩体力学性质差别很大。因此，室内试验只能是帮助人们认识岩体，宏观力学参数则是岩体工程稳定性评价的基础。

A 岩体的地质力学分类

在研究岩体力学性质的经验方法中，岩体分类起着重要的作用。CSIR 岩体分类体系是 Bieniawski 于 1972～1973 年间提出的，1976 年进行了第一次修正，1989 年又作了进一步修正。由于它综合考虑了多种影响因素，是一种发展较快、应用较广且比较完善的工程岩体分类方法。

CSIR 分类指标值 RMR（Rock Mass Rating）由岩体强度、RQD 值、节理间距、节理条件及地下水状态 5 个指标组成。采用和差积分法计算岩体的分类指标，然后按规定对总分作适当的修正。最后用修正的总分确定所研究岩体的类别及相应的岩体强度指标（C，φ）值。

通过水厂铁矿现场地质勘察、钻探、试验及水文地质工作，认为Ⅱ区研究区段边坡上部第四系人工堆积物和角砾岩岩石质量较差，在 Ⅴ-Ⅲ级之间；下部片麻岩、混合花岗岩和磁铁石英岩岩石按风化程度从上到下岩石质量渐好，在Ⅲ-Ⅰ级之间。Ⅳ区研究区段岩体总体质量较好，一般在Ⅲ-Ⅱ级之间，部分部位岩体质量可达到Ⅰ级。

B 非线性广义（Hoek-Brown）破坏准则

Hoek-Brown 破坏准则从 1980 年发表以来几经改进，1995 年，Hoek、Kaiser 和 Brown 在原有破坏准则的基础上，提出了适用范围更广的非线性广义 Hoek-Brown 破坏准则。并提出了用于广义 Hoek-Brown 破坏准则的岩体参数 m_b/m_i、s、a 和变形模量 E 及泊松比 μ 的估计值，使得该准则从适用于坚硬岩体强度估计扩展到适用于极差的岩体强度估计。

$$\sigma_1' = \sigma_3' + \sigma_{ci}\left(m_b\frac{\sigma_3'}{\sigma_{ci}} + s\right)^a \tag{3-2}$$

式中，σ_1'、σ_3' 为破坏时的最大、最小有效应力；σ_{ci} 为完整岩石的单轴抗压强度；m_b 为岩体的 Hoek-Brown 常数；s，a 为取决于岩体特征的常数。

1988 年，Hoek 和 Brown 建立了 RMR 与 m、s 之间的经验公式。对于扰动岩体：

$$\begin{cases} m = \exp\left(\dfrac{RMR - 100}{14}\right)m_i \\ s = \exp\left(\dfrac{RMR - 100}{6}\right) \end{cases} \tag{3-3}$$

对于未扰动岩体或完整岩体：

$$\begin{cases} m = \exp\left(\dfrac{RMR - 100}{28}\right)m_i \\ s = \exp\left(\dfrac{RMR - 100}{9}\right) \end{cases} \tag{3-4}$$

式中，m_i 为完整岩石常数，一般通过三轴试验确定。

C 地质强度指标（GSI）法

地质强度指标 GSI（Geological Strength Index）由 Hoek、Kaiser 和 Brown 于 1995 年建立，用来估计不同地质条件下的岩体强度。它根据岩体结构、岩体中岩块的嵌锁状态和岩体中不连续面质量，综合各种地质信息进行估值。突破了 CSIR 分类法中 RMR 值在质量极差的破碎岩体结构中无法提供准确值的局限性，因而是一种更适用的方法。

对于质量较差的岩体（GSI<25），岩芯长度很少有超过 10cm 的，因此很难找到一个可靠的 RMR 值，唯有 GSI 法适于评估此类岩体；对于质量较好的岩体（GSI>25），Hoek、Kaiser 和 Brown 建立了 GSI 值与 RMR 值之间的关系式：

$$GSI = RMR_{1976}, \quad GSI = RMR_{1989} - 5$$

RMR$_{1976}$和RMR$_{1989}$是 Bieniawski 的 1976 年和 1989 年分类系统值。1989 年分类系统值较 1976 年不同之处，一是根据不连续面产状对评分值进行了调整，二是将地下水条件因子从 10 分调整为 15 分。

GSI 值一旦确定，就可用如下公式计算描述岩体强度特性常数：

$$m_{\rm b} = m_i \exp\left(\frac{{\rm GSI} - 100}{28}\right) \tag{3-5}$$

当 GSI>25（非扰动岩体）：

$$s = \exp\left(\frac{{\rm GSI} - 100}{9}\right), \quad a = 0.5 \tag{3-6}$$

当 GSI<25（非扰动岩体）：

$$s = 0, \quad a = 0.65 - \frac{{\rm GSI}}{200} \tag{3-7}$$

D 基于 GSI 和非线性 Hoek-Brown 破坏准则岩体力学参数的确定

a 岩体强度参数的估计

大多数岩土工程软件是根据 Mohr-Coulomb 准则开发的，其岩体强度由黏聚力 C 和内摩擦角 φ 来确定。1995 年，Hoek 等人从广义 Hoek-Brown 破坏准则推导出估计黏聚力 C 和内摩擦角 φ 的公式，过程如下：

$$\begin{cases} \sigma_n' = \sigma_3' + \dfrac{\sigma_1' - \sigma_3'}{\partial \sigma_1'/\partial \sigma_3' + 1} \\ \tau = (\sigma_1' - \sigma_3')\sqrt{\partial \sigma_1'/\partial \sigma_3'} \end{cases} \tag{3-8}$$

由式（3-2）导出：

$$\frac{\partial \sigma_1'}{\partial \sigma_3'} = 1 + am_{\rm b}\left(m_{\rm b}\frac{\sigma_3'}{\sigma_{ci}'} + s\right)^{a-1} \tag{3-9}$$

当 GSI>25，$a = 0.5$ 时，

$$\frac{\partial \sigma_1'}{\partial \sigma_3'} = 1 + \frac{m_{\rm b}\sigma_{ci}}{2(\sigma_1' - \sigma_3')} \tag{3-10}$$

当 GSI<25，$s = 0$ 时，

$$\frac{\partial \sigma_1'}{\partial \sigma_3'} = 1 + am_{\rm b}^a\left(\frac{\sigma_3'}{\sigma_{ci}'}\right)^{a-1} \tag{3-11}$$

因此，通过一组由式（3-8）~式（3-11）确定的（σ_n', τ）值，便可确定岩体的强度参数：

$$\begin{cases} \varphi = \arctan\left[\dfrac{n\sum \sigma_n'\tau - (\sum \tau \sum \sigma_n')}{n\sum (\sigma_n')^2 - (\sum \sigma_n')^2}\right] \\ C = \dfrac{\sum \tau}{n} - \dfrac{\sum \sigma_n'}{n}\tan\varphi \end{cases} \tag{3-12}$$

岩体的抗拉强度可由下式得出：

$$\sigma_{tm} = \frac{\sigma_{ci}}{2}\left(m_b - \sqrt{m_b^2 + 4s}\right) \tag{3-13}$$

b 岩体变形模量的估计

1983 年，Serafim 和 Pereira 总结了许多工程实践经验，建立了 RMR 与变形模量的总体关系式：

$$E_m = 10^{\frac{RMR-100}{40}} \tag{3-14}$$

在对质量差的岩体开挖的观察和反分析中，Serafim 和 Pereira 用地质强度指标（GSI）对 $\sigma_{ci} < 100$MPa 的岩体变形模量进行了修正，得到下面公式：

$$E_m = \sqrt{\frac{\sigma_{ci}}{100}} \times 10^{\frac{GSI-10}{40}} \tag{3-15}$$

上述两式已在国外岩石力学工程界得到了广泛的认可与应用。

3.3.2.3 渗透系数

本次研究，主要依据边坡勘查所打的 KB、KD、KE 三个钻孔（位置见图 2-2）压水和注水试验以及前人所作的有关渗透性的资料确定边坡岩体的渗透系数。

A 通过单孔压水试验确定渗透系数

在采场坑底标高以下部位采用压水试验的方法，测定岩石的透水率。本次试验选用单管顶压式栓塞进行止水，钻杆做压水试验工作管，地面进水管压力表测压。压水试验是以单位吸水量 ω（L/(min·m²) 或 Lu）来表示。在试验规程中建议等效渗透系数 K 的计算公式为：

$$K = \frac{\omega}{2\pi} \ln \frac{l}{r} \tag{3-16}$$

式中 l ——压水试验段长；

　　　 r ——压水钻孔半径。

B 通过注水试验确定渗透系数

在采场坑底标高以上部位采用钻孔注水试验的方法，测定岩石的渗透系数。当钻孔中地下水埋藏很深或者试验层为透水不含水时，可以用注水试验代替抽水试验，近似地测定岩层的渗透系数。

$$K = \frac{0.366Q\lg(2l/r)}{lS} \tag{3-17}$$

式中 l ——试验段长；

　　　 r ——注水钻孔半径；

　　　 Q ——注水量；

　　　 S ——水位变化。

3.3.2.4 模型参数

在试验和现场勘察的基础上，根据上述参数确定方法，并综合考虑地质条件和工程经验折减方法，对北区采场边坡岩体的主要岩组进行了分析，得到了主要岩体的计算模型参数，如表3-1、表3-2所示。

表 3-1 北区采场边坡开挖固-流耦合数值计算模型岩体力学参数

代号	岩石名称	密度 d /kg·m^{-3}	弹性模量 E /MPa	泊松比 μ	黏聚力 C /MPa	内摩擦角 φ /(°)	抗拉强度 σ_t /MPa	孔隙率 η /%	渗透率 K /Darcy
ArS$^{2-5}$	黑云母斜长片麻岩	2630	2300	0.21	1.095	35.2	0.8	20	2×10^{-6}
			3066.7	0.21	1.247	39.6	0.8		
			4600	0.21	3.997	39.6	0.8		
			5750	0.21	5.33	39.6	0.8		
Fe	磁铁矿	2850	12500	0.23	1.8	32.4	0.942	5	0.5×10^{-6}
Mr	混合花岗岩	2604	7125	0.24	1.2903	49.5	1.143	15	1.5×10^{-6}
Mp	混合片麻岩	2629	5240	0.269	2.563	39.6	0.48	25	2.5×10^{-6}
Q	第四系人工堆积物	2000	1.5	0.3	0.125	18	0.0125	30	1.0×10^{-5}
E$_2$X	火山熔岩	2477	2.69	0.23	0.62	21.5	0.51	25	5.0×10^{-7}
Z$_1$C	长石石英砂岩、角砾岩	2700	9625	0.26	0.6167	37	1.675	25	1.0×10^{-7}

注：ArS$^{2-5}$分为四层：①300～100m为强风化岩体；②100～-100m为中风化岩体；③-100～-300m为弱风化岩体；④-300～-500m为微风化岩体。

表 3-2 21号勘探线剖面边坡开挖固-流耦合数值计算断层力学参数

代号	法向刚度 K_n /MPa	剪切刚度 K_s /MPa	内摩擦角 φ /(°)	黏聚力 C /MPa	抗拉强度 σ_t /MPa
F$_3$	3000	1000	32	0.4	0.0001
F$_7$	3000	1000	32	0.4	0.0001
F$_4$	3000	1000	32	0.4	0.0001

3.3.2.5 初始地应力条件

地应力（In-situ stress）是存在于地层中的未受工程扰动的天然应力，也称岩体初始应力、绝对应力或原岩应力。它是决定岩土工程稳定性的力学条件和力学依据，是数值计算的一个重要的初始条件。

A 测量方法和测点布置

为了互相验证和补充，水厂矿区地应力测量同时采用应力解除法和水压致裂法。根据水厂铁矿实际情况，如图 2-2 所示，在矿石隧道中进行了 3 个测点的应力解除法测量工作，测点的深度在 56~91.5m 之间；在 KB、KD、KE 三个地质勘查孔中，进行了共 11 个测段的水压致裂法测量工作，深度在 83.36~303.01m 之间。

B 地应力测量结果

应力解除法和水压致裂法各测点应力测量结果，分别如表 3-3、表 3-4 所示。

表 3-3 应力解除法各测点主应力计算结果

测点	测点埋深 /m	最大主应力 σ_1			中间主应力 σ_2			最小主应力 σ_3		
		数值 /MPa	方向 /(°)	倾角 /(°)	数值 /MPa	方向 /(°)	倾角 /(°)	数值 /MPa	方向 /(°)	倾角 /(°)
1	81	4.07	272.2	-7.3	2.38	3.9	-13.3	2.16	154.2	-74.8
2	91.5	4.26	90.6	-0.8	2.86	180.6	-2.9	2.68	344.9	-87.0
3	56	3.68	98.9	-7.2	2.33	189.7	-6.2	2.03	319.8	80.5

表 3-4 水压致裂法各测点应力测量结果

孔号	KB					KD			KE		
压裂段深度 /m	83.36 ~ 83.96	116.07 ~ 116.67	155.38 ~ 155.98	181.53 ~ 182.13	232.54 ~ 233.14	265.18 ~ 265.78	274.51 ~ 275.11	302.41 ~ 303.01	118.87 ~ 119.47	147.52 ~ 148.12	185.90 ~ 186.50
$\sigma_{h,max}$	2.16	6.68	11.93	12.65	14.79	9.28	9.79	13.21	6.07	7.35	9.53
$\sigma_{h,min}$	1.66	4.08	6.98	7.83	9.25	5.96	6.26	8.00	3.96	4.65	5.42
σ_v	2.21	3.07	4.11	4.80	6.15	7.02	7.26	8.00	3.15	3.90	4.92
破裂方位/(°)		77	88				70			77	

C 矿区地应力场分布规律

根据现场地应力测量结果，矿区地应力场分布规律如下（见图 3-5）：

(1) 应力解除法测量结果表明，在每一测点均有两个主应力的倾角接近于水平方向，另有一个主应力接近于垂直方向，应力解除法和水压致裂法测量结果均显示，最大主应力 σ_1 基本位于水平方向；

(2) 应力解除法三个测点的最大水平主应力方向平均为 93.9°，水压致裂法三个钻孔的最大水平主应力方向平均为 78°，均接近于东西向，这与华北地区的主应力方向也基本一致；

(3) 使用线性回归的方法，对各个测点的应力值进行了回归，得到最大水平主应力、最小水平主应力和垂直主应力随深度变化的规律（见图3-5）：

1）最大水平主应力的回归方程为：

$$\sigma_{\text{h, max}} = 0.93 + 0.0438H$$

2）最小水平主应力的回归方程为：

$$\sigma_{\text{h, min}} = 0.61 + 0.0269H$$

3）垂直主应力值的回归方程为：

$$\sigma_{\text{v}} = 0.12 + 0.0259H$$

以上三式中，H 为测点埋深，单位为 m；主应力的单位为 MPa。

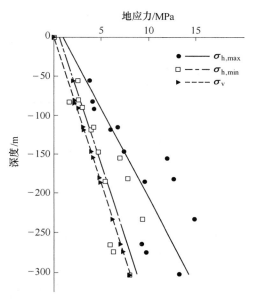

图 3-5　$\sigma_{\text{h, max}}$、$\sigma_{\text{h, min}}$ 和 σ_{v} 值随深度变化回归直线

3.3.3　模拟开挖过程

岩体力学行为除了与本身的物理力学性质有关外，与载荷状态和加载历史有着直接的关系。事实上，岩体现时的力学行为是整个开采历史过程中的一个过渡状态，它既是对过去不同开采时期岩体状况叠加后的综合反映，也将对未来开采过程和结果产生影响。欲从现在研究将来出现的状况，应系统模拟整个开采历史和开采过程。模拟计算过程如下：

（1）根据原始地貌，形成初始应力场；

（2）实施分步开挖：整个边坡的开挖分为 5 步进行，其中，第一步用来形成现有地表，第一步开挖厚度大约为 130m，开挖到水平标高−20m 的位置；第二步开挖厚度大约 110m，开挖到水平标高−130m 的位置；第三步开挖厚度大约 30m，开挖到水平标高−160m 的位置；第四步开挖厚度大约 70m，开挖到水平标高−230m 的位置；第五步开挖形成完整的边坡开挖形态，开挖厚度大约 70m。

边坡开挖程序遵循由上至下、由左向右的原则。根据边坡高度，开挖分成 5 步，图 3-6 显示了 21 号勘探线剖面边坡的开挖过程，开挖结果如图 3-7～图 3-24 所示。

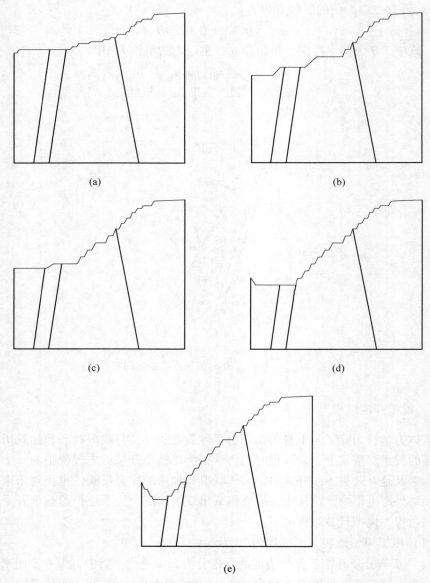

图 3-6　21 号勘探线剖面边坡分步开挖过程

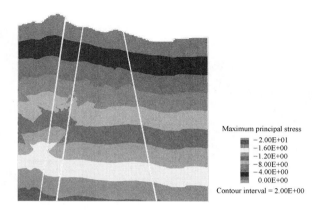

图 3-7　21 号勘探线剖面边坡初始最大主应力分布

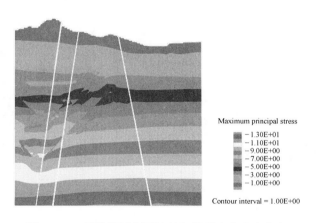

图 3-8　21 号勘探线剖面边坡初始最小主应力分布

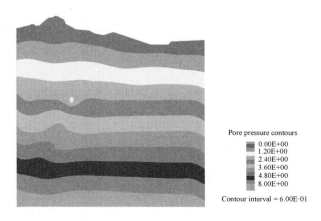

图 3-9　21 号勘探线剖面边坡初始孔隙压力分布

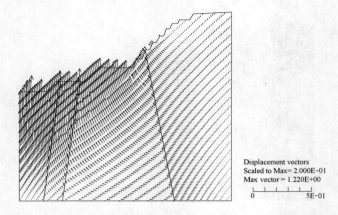

图 3-10   21 号勘探线剖面边坡第 2 步开挖后岩体位移矢量场

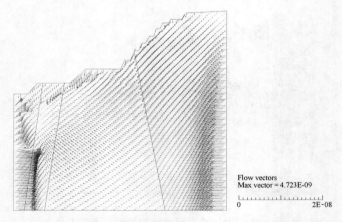

图 3-11   21 号勘探线剖面边坡第 2 步开挖后岩体渗流矢量场

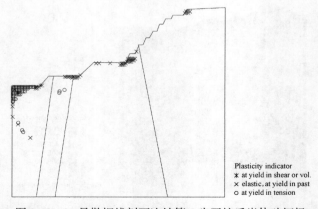

图 3-12   21 号勘探线剖面边坡第 2 步开挖后岩体破坏场

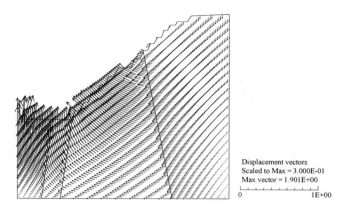

图 3-13　21 号勘探线剖面边坡第 4 步开挖后岩体位移矢量场

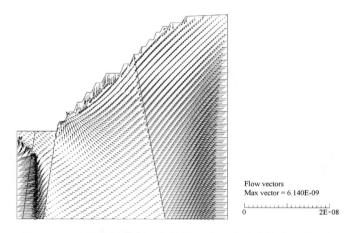

图 3-14　21 号勘探线剖面边坡第 4 步开挖后岩体渗流矢量场

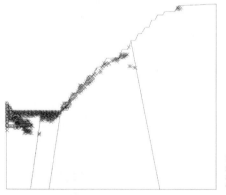

图 3-15　21 号勘探线剖面边坡第 4 步开挖后岩体破坏场

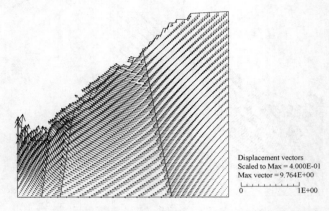

图 3-16　21 号勘探线剖面边坡第 5 步开挖后岩体位移矢量场

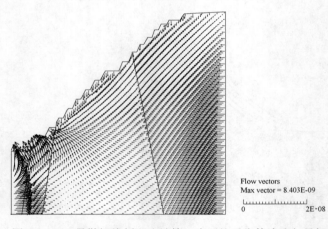

图 3-17　21 号勘探线剖面边坡第 5 步开挖后岩体渗流矢量场

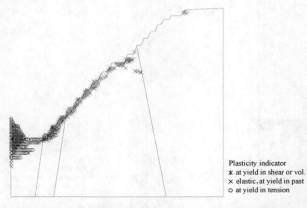

图 3-18　21 号勘探线剖面第 5 步边坡开挖后岩体破坏场

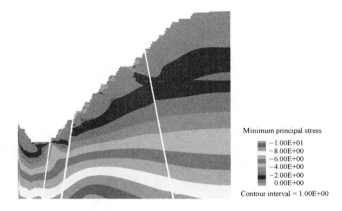

图 3-19 21 号勘探线剖面边坡开挖后岩体最小主应力 σ_2 分布

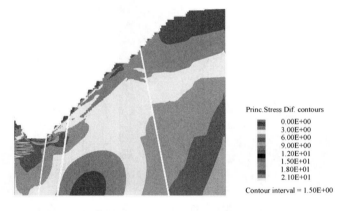

图 3-20 21 号勘探线剖面边坡开挖后岩体有效剪应力分布

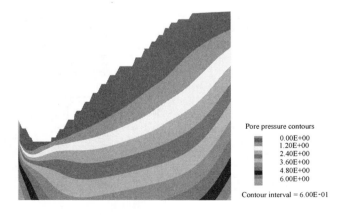

图 3-21 21 号勘探线剖面边坡开挖后岩体孔隙压力分布

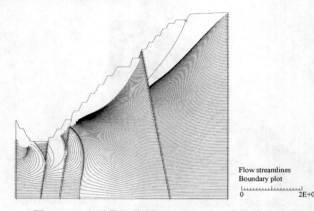

图 3-22   21 号勘探线剖面边坡开挖后岩体渗流迹线

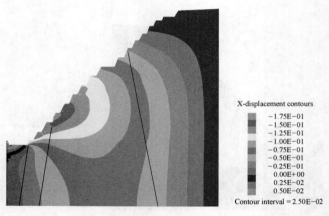

图 3-23   21 号勘探线剖面边坡开挖后岩体水平位移场

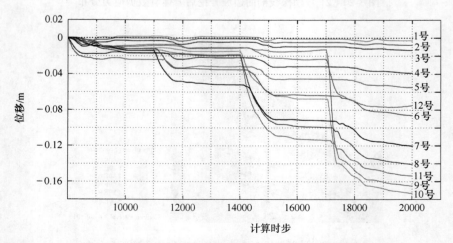

图 3-24   21 号勘探线剖面边坡各监测点水平位移曲线

3.3.4 二维模拟计算结果分析

3.3.4.1 21号勘探线剖面边坡固-流耦合力学特征

开挖之前，水厂铁矿的地形是经过漫长的地质年代形成的，边坡岩体中的应力场和渗流场处于一种自然的平衡状态，岩体处于稳定状态（见图3-7~图3-9）。在边坡开挖过程中，这种平衡被打破，应力场和渗流场处于不断地调整中，岩体内的地应力释放，使岩体发生向开挖面方向的卸荷变形。当整个边坡岩体开挖完后，最大有效剪应力集中在边坡底部（见图3-19），最大值为21MPa，边坡整体应力场的分布以及大小变化不大。在边坡开采过程中，渗流场随边坡的形成逐渐变化，边坡出水点的高度也不断变化（见图3-11、图3-14、图3-17）。地下水渗流的主要路径是通过边坡中的断层破碎带（见图3-21）。

开挖过程中，边坡顶部岩体以下降为主，坡面下部岩体产生水平和向上的变形，边坡底部岩体以垂直向上的变形为主（见图3-10、图3-13、图3-16）。当整个边坡开挖结束后，边坡最大水平移动值为19cm，范围集中在边坡的中下部台阶和断层F_7相交的坡面处（见图3-23）。

从开挖过程模拟可以发现，当开挖到某一水平时，坡体某些部位出现了剪切屈服带。但随着边坡的进一步开挖，这些部位的剪切屈服带又消失了，或者出现在边坡的别的部位（见图3-12、图3-15、图3-18）。可见，在边坡的开挖过程中，整个坡体的应力状态处于不断地调整和重新分布中，原来由于应力作用而出现的剪切破坏、裂缝，随着开挖卸荷的进行反而可能松弛、闭合。在边坡的变形破坏中，存在着分岔和突变的现象，边坡的局部出现了稳定→不稳定→稳定的现象。边坡最终形成的破坏区在坡面处比较发育，边坡中下部浅层岩体以塑性破坏为主，边坡底部主要以拉破坏为主，边坡未出现整体的剪切滑移带。

开挖过程中，在边坡顶部和坡面上孔隙压力较低，随着向岩体内部和深度的增加，孔隙压力逐步增大，在边坡底部水平的最大孔隙压力为6MPa（见图3-21）。

3.3.4.2 21号勘探线剖面边坡典型位置处的位移速度特征

边坡在开挖过程中，在坡面上典型部位设置了水平位移和水平移动速度监测点（见图3-4），这些监测点位移量的大小和速度变化趋势可以表征边坡稳定性状况，计算结果如表3-5所示。

表3-5 21号勘探线剖面边坡各监测点处水平位移及终点水平速度统计表

监测点	1号	2号	3号	4号	5号	6号
最大水平位移/cm	0.482	0.798	1.356	3.879	5.486	8.619
终点水平速度/m·s⁻¹	4.042×10^{-7}	1.139×10^{-8}	1.014×10^{-7}	7.687×10^{-9}	3.523×10^{-7}	2.604×10^{-6}

监测点	7 号	8 号	9 号	10 号	11 号	12 号
最大水平位移/cm	12.03	14.05	16.47	17.30	15.35	7.667
水平位移速度/m·s^{-1}	2.478×10^{-6}	2.163×10^{-6}	2.140×10^{-6}	2.451×10^{-6}	2.589×10^{-6}	3.482×10^{-6}

由各监测点水平位移曲线可见：随边坡的开挖，变形量也逐渐增大，坡体上部位移增量比下部位移增量小，边坡最终位移量呈现出由顶部自上而下逐步增加，然后再减小的规律。边坡顶部岩体产生向下的位移，在坡体中上部，位移方向发生偏转，中下部岩体产生水平和向上的位移（见图 3-16），愈接近坡面，位移值越大。坡体上部在开挖初期水平位移比较小，下部呈现指向坡体外部的位移，随进一步开挖，均呈现出指向坡体外部的位移。当边坡开挖接近下部时，边坡变形量相对较大；开挖完成后，该边坡岩体变形逐渐趋于一稳定值，边坡变形速度逐渐减小趋近于零，边坡总体上保持稳定，见图 3-24 和图 3-25。

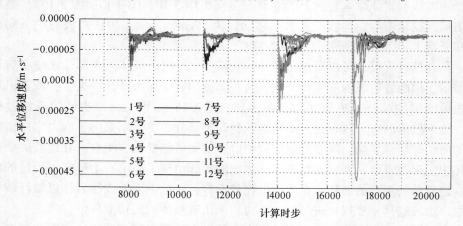

图 3-25   21 号勘探线剖面边坡各监测点水平位移速度曲线

3.4   边坡开挖三维数值模拟研究

3.4.1   三维数值计算模型

二维有限差分数值计算结果表明，首钢水厂铁矿北区采场边坡的局部稳定性较差，容易产生小范围岩体脱落现象，影响边坡的整体稳定性。在此，针对 I 区北端边坡，进行三维数值模拟，以全面系统地分析边坡的破坏机理和整体稳定性。

本研究采用三维非线性固流耦合数值模拟计算，模型包括了 I 区北端的主要范围（见图 2-2），其中包含了 I-1 剖面边坡附近的大部分区域、I-2 剖面边坡和

I-3 剖面边坡。计算模型 X 方向宽 1000m，Y 方向长 900m，高度约 795m（自地表至-500m）。三维模型共划分为 82946 个单元，85828 个结点。

在三维数值模拟计算中，I-2 剖面边坡在模型中和 X-Z 平面的夹角为 57.4°，上部边坡角为 43°，下部边坡角为 45°，上下部分界在水平标高+50m 的位置，分界平面的台阶宽度为 40m，坡底在水平标高-276m 的位置。为了确保 I-2 剖面边坡分界台阶的宽度和边坡的优化角度，宽台阶一直延续到 X 方向 829m 的位置处。

I-3 剖面边坡和 Y-Z（$x=960$m）平面平行，上部边坡角为 43°，下部边坡角为 49°，上下部分界在水平标高+10m 的位置处，分界平面台阶宽 10m，坡底在水平标高-324m 的位置处。因此，三维数值模拟计算模型在 X 方向上从 829m 到 1000m 的范围内，分界台阶从水平标高+50m 逐渐下降到水平标高+10m，台阶宽度从 40m 变为 10m，坡底位置从水平标高-276m 过渡到水平标高-324m。

图 3-26 是三维模型的总体简图、计算机生成的计算网格图以及水位线示意图，

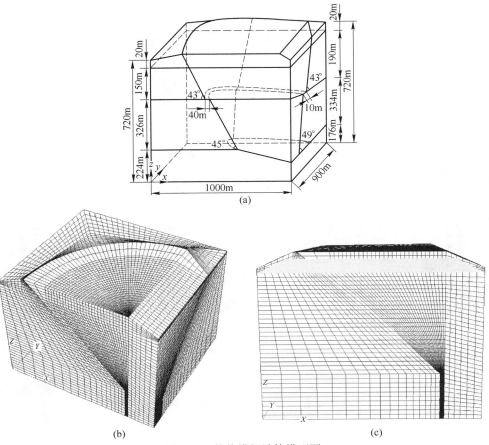

图 3-26 数值模拟计算模型图

（a）计算模型简图；（b）三维模型网格图；（c）水位线示意图

图 3-27 显示了边坡的最终开挖形态以及跟踪监测点的整体布局，图 3-28 是边坡典型位置处的剖面图。模型侧面限制水平移动，模型底面限制垂直移动，模型上部为自由面。

在模拟计算过程中，模型中共设置了 12 个数值监测点，分别布置在平行 X-Z（$y=10m$）平面的剖面、I-2 剖面边坡和 I-3 剖面边坡上。数值监测点的具体位置主要包括坡顶、上部边坡坡脚处、分界平面坡肩处以及坡底（见图 3-27）。为了系统全面地研究边坡的整体稳定性和优化方案的可行性，程序中设置了岩体变形速度和岩体位移三个分量以及岩石体积膨胀率和剪切应变率 90 个参量。

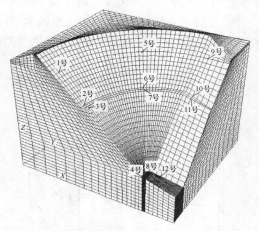

图 3-27 边坡最终开挖形态及监测点整体布局

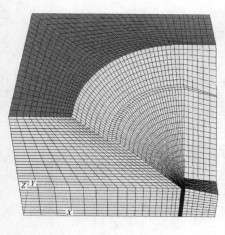

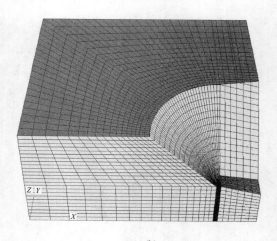

(a)   (b)

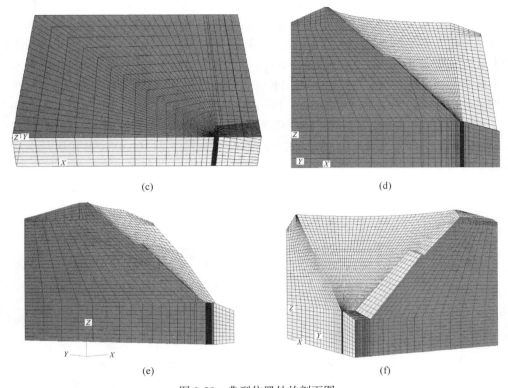

图 3-28 典型位置处的剖面图

（a）边坡顶部（$z=+198m$）水平剖面图；（b）边坡宽台阶（$z=+10m$）水平剖面图；

（c）边坡坡底（$z=-324m$）水平剖面图；（d）平行 X-Z（$y=10m$）平面的剖面图；

（e）Ⅰ-2 剖面边坡立面图；（f）Ⅰ-3 剖面边坡立面图

3.4.2 力学模型和参数

本节三维数值模拟研究仍采用理想弹塑性本构模型莫尔-库仑屈服函数。岩体宏观力学参数、渗透系数、模型参数及初始地应力条件参考前面二维数值模拟研究部分。

3.4.3 模拟开挖过程

岩石力学研究的一个重要成果是：岩体力学行为除与本身的物理力学性质有关外，与载荷状态和加载历史有直接的关系。事实上，岩体现时力学行为是整个开采历史过程中的一个过渡状态，它既是对过去不同开采时期岩体状况叠加后的综合反映，也将对未来开采过程和结果产生影响。欲从现在研究将来出现的状况，应系统模拟整个开采历史和开采过程。

边坡实施分步开挖，并且遵循由上至下、由外向内的原则。本研究主要模拟边坡开挖的卸载过程和边坡最终形态，因此忽略了开挖的具体细节。如图 3-29 所示，整个边坡的开挖分为 5 步进行：第一步开挖厚度大约为 120m，开挖到水平标高+100m 的位置（见图 3-29（a））；第二步开挖厚度大约 150m，开挖到水平标高−50m 的位置，并且在 X 方向和 Y 方向上逐渐扩大了开挖区域；第三步开挖考虑到边坡分界处上下坡角变化的影响，上部开挖厚度不变，主要在 X 方向和 Y 方向上进行了扩张，下部开挖厚度为 150m，开挖到水平标高−200m 的位置（见图 3-29（b））；第四步开挖形成上部边坡（见图 3-29（c））；第五步开挖形成下部边坡（见图 3-29（d））。

开挖模拟中，固-流耦合计算充分考虑了岩体力学行为与孔隙渗流的相互作用。

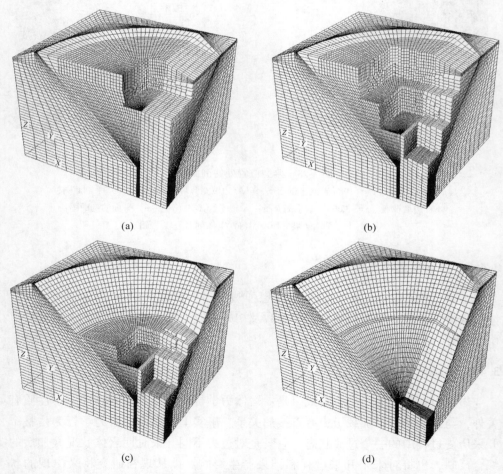

(a)   (b)

(c)   (d)

图 3-29 边坡开挖步骤及形成过程

3.4.4 数值计算结果分析

3.4.4.1 边坡岩体应力场特征

A 最大主应力场

通过对边坡最大主应力场的模拟分析可以得出，边坡最大主应力场服从由上至下逐渐增大的基本规律。最大值位于模型的底部，达到了 60MPa，在边坡的顶部最大主应力值几乎为零（见图 3-30）。

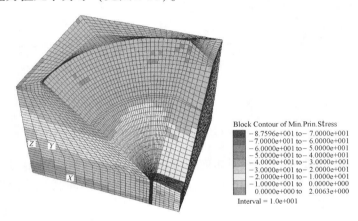

图 3-30　边坡最大主应力图（MPa）

通过对边坡典型剖面的研究可以看出，在边坡坡顶（$z = +198m$）水平剖面内，主应力的最大值出现在边坡内部距坡面 10m 的位置处，为 42MPa（见图 3-31），在坡体表面以及远离坡面靠近边界的区域内，最大主应力逐渐减小。最大主应力场在坡面岩体为卸载区，卸载区的宽度约为 5~15m，最大主应力值仅为 0.5~0.7MPa。

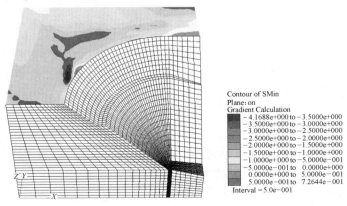

图 3-31　边坡坡顶（$z = +198m$）水平剖面最大主应力图（MPa）

在宽台阶（$z=+10m$）水平剖面内，最大主应力在模型前侧拐角处以及右后侧拐角处小范围内出现了较大值，为 17.8MPa（见图 3-32），在靠近坡面以及远离坡面的区域最大主应力逐渐减小，坡面岩体为最大主应力场的卸载区，卸载区的宽度为 15m 左右，最大主应力值为 6MPa。

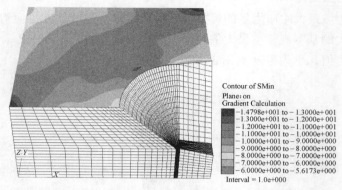

图 3-32　宽台阶（$z=+10m$）水平剖面最大主应力图（MPa）

在坡底（$z=-324m$）水平剖面内，最大主应力场分布比较均匀，没有明显的变化（见图 3-33），坡底表面的岩体为最大主应力场的卸载区，卸载区的宽度约为 40m，最大主应力值为 10MPa。

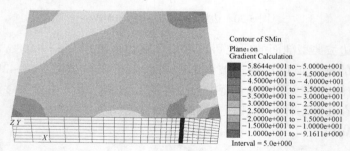

图 3-33　边坡坡底（$z=-324m$）水平剖面最大主应力图（MPa）

在平行 X-Z（$y=10m$）平面的剖面内，最大主应力场的分布服从由上至下逐渐增大的基本规律（见图 3-34）。在剖面靠近边界的模型底部出现了最大值，为 51MPa，在边坡坡脚下延 15m 的范围内，也有小范围的岩体出现了较大的应力值。

在 Ⅰ-2 剖面边坡内，最大主应力场的分布服从由上至下逐渐增大的基本规律（见图 3-35）。在模型的底部的大部分区域出现了最大值，为 39.6MPa。边坡开挖结束后，最大主应力在边坡坡脚下延 25m 的范围内，也出现了小范围的较大值。边坡坡面处应力值较小，为 10MPa 左右。这说明最大主应力场在边坡坡面岩体为卸载区，卸载区的宽度大约为 5m。

在Ⅰ-3剖面边坡内，最大主应力场的分布服从由上至下逐渐增大的基本规律（见图3-36）。在剖面靠近边界的模型底部出现了最大值，为46MPa。边坡坡面以及边坡坡脚所在的平面内应力值较小，约为10MPa。这说明最大主应力场在边坡坡面岩体为卸载区，卸载区的宽度约为7m。

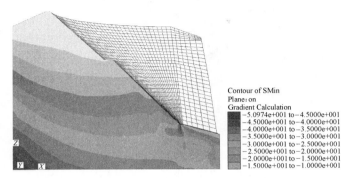

图3-34 平行X-Z（y=10m）平面剖面最大主应力图（MPa）

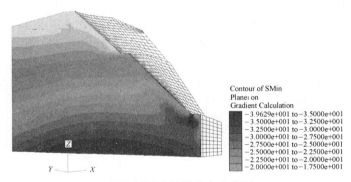

图3-35 Ⅰ-2剖面边坡最大主应力图（MPa）

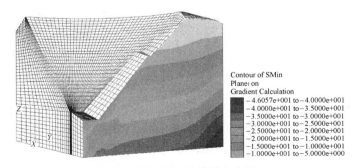

图3-36 Ⅰ-3剖面边坡最大主应力图（MPa）

B 最小主应力场

边坡的最小主应力场仍旧遵循由上至下逐渐增大的基本规律（见图3-37）。

最大值位于模型底部，达到了32MPa。值得注意的是，在边坡浅层岩体中普遍出现了拉应力状态，最大拉应力达到6.4MPa，将使局部边坡岩体产生拉破坏。

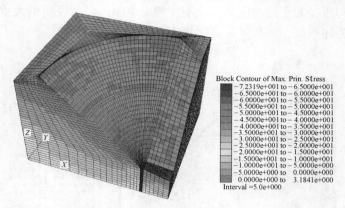

图 3-37 边坡最小主应力图（MPa）

在边坡顶部（$z=+198m$）水平剖面内，最小主应力场在边坡的坡体表面岩体出现了拉应力，最大值为0.5MPa（见图3-38），作用在距离坡面3m的范围内，边坡岩体在拉应力的作用下将有局部岩体发生破坏。

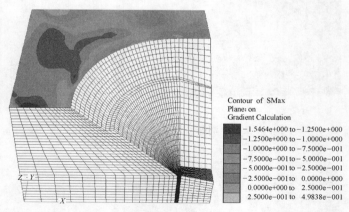

图 3-38 边坡顶部（$z=+198m$）水平剖面最小主应力图（MPa）

在宽台阶（$z=+10m$）水平剖面内，最小主应力场在边坡的坡体表面岩体出现了拉应力，最大值为0.03MPa（见图3-39），作用在距离坡面25m的范围内，边坡岩体在拉应力的作用下将有局部岩体发生破坏。

在坡底（$z=-324m$）水平剖面内，最小主应力场在边坡坡脚处的岩体表面出现了拉应力，最大值为1.05MPa（图3-40），边坡岩体在拉应力的作用下将有局部岩体发生破坏。

在平行 X-Z（$y=10m$）平面的剖面上，最小主应力场的分布服从由上至下逐

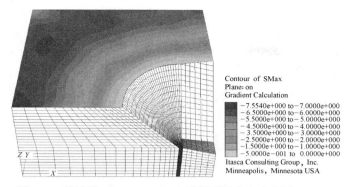

图 3-39 宽台阶（$z = +10$m）水平剖面最小主应力图（MPa）

渐增大的基本规律（见图 3-41）。在边坡的顶部岩体以及坡脚处的平面内出现拉应力，最大值为 1.5MPa，这表明边坡顶部的岩体将在拉应力的作用下发生局部破坏。

在 I-2 剖面边坡内，最小主应力场的分布服从由上至下逐渐增大的基本规律（见图 3-42）。在边坡顶部岩体出现了拉应力，最大值为 1.18MPa，这表明边坡顶部的岩体将在拉应力的作用下发生局部破坏。

在 I-3 剖面边坡内，最小主应力场的分布服从由上至下逐渐增大的基本规律（见图 3-43），拉应力几乎没有出现。

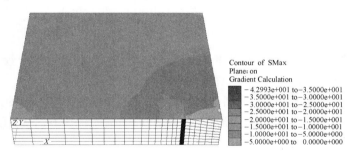

图 3-40 边坡坡底（$z = -324$m）水平剖面最小主应力图（MPa）

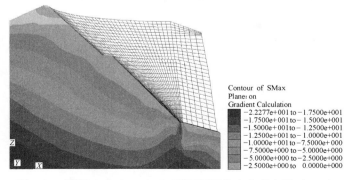

图 3-41 平行 X-Z（$y = 10$m）平面剖面最小主应力图（MPa）

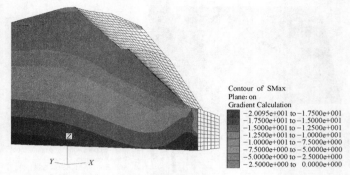

图 3-42 Ⅰ-2 剖面边坡最小主应力图（MPa）

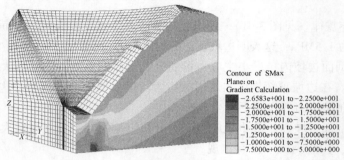

图 3-43 Ⅰ-3 剖面边坡最小主应力图（MPa）

C 剪应力场

通过对边坡整体剪应力的考察可以看出，剪应力在远离坡面处数值较小，随着向坡面的靠近，剪应力的数值逐渐增大。

在坡顶（$z=+198$m）水平剖面内，剪应力值在Ⅰ-2剖面附近的边坡坡面内出现了最大值。作用的范围在 X 方向上宽 200m，最大值为 0.77MPa，在远离边坡面的区域范围内，剪应力逐渐减小（见图3-44）。

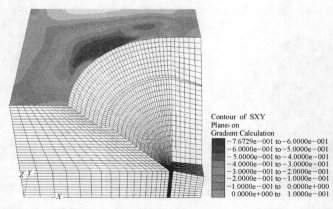

图 3-44 边坡坡顶（$z=+198$m）水平剖面剪应力图（τ_{xy}）（MPa）

在宽台阶（$z = +10\text{m}$）水平剖面内，整个剪应力场的分布呈现环状，剪应力在 X 方向宽150m 的边坡坡面出现了最大值，为 4.3MPa。随着和坡面的距离逐渐增大，剪应力的数值逐渐减小（见图 3-45）。

在坡底（$z = -324\text{m}$）水平剖面内，剪应力的分布比较均匀，剪应力的最大值出现在剖面向四周扩散的大部分区域内，并且向边界的区域内逐渐减小（见图 3-46）。

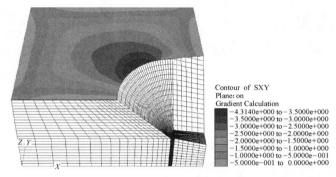

图 3-45　宽台阶（$z = +10\text{m}$）水平剖面剪应力图（τ_{xy}）（MPa）

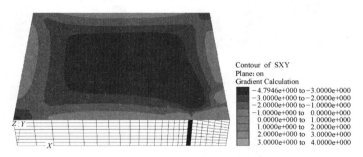

图 3-46　边坡坡底（$z = -324\text{m}$）水平剖面剪应力图（τ_{xy}）（MPa）

在平行 $X\text{-}Z$（$y = 10\text{m}$）平面的剖面内，最大剪应力为 11MPa，出现在边坡下部坡面的浅层范围内，一直贯穿到坡脚处，在远离坡面的区域范围内，剪应力逐渐减小（见图 3-47）。

由于Ⅰ-2剖面在模型中所处的特殊位置，在考虑Ⅰ-2剖面的剪应力场时，应同时考虑剪应力 τ_{xz} 和 τ_{yz}。通过综合考虑可以看出，最大剪应力出现在坡脚以及上延的 100m 范围内，最大值为 15MPa，在远离坡面的区域，剪应力的数值逐渐减小（见图 3-48、图 3-49）。

在Ⅰ-3剖面边坡内，最大剪应力为 11MPa，出现在边坡坡脚以及上延 100m 范围内的浅层坡面，在远离坡面的区域，剪应力的数值逐渐减小（见图 3-50）。

通过以上对不同剖面内剪应力场的分布，可以看出，最大剪应力主要出现在边坡的坡面上。在边坡坡脚以及上延 100m 范围内的浅层坡面，出现了剪应力集

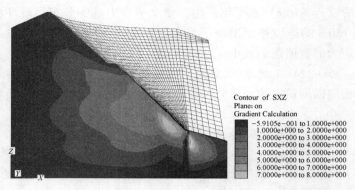

图 3-47　平行 X-Z（$y=10\text{m}$）平面剖面剪应力图（τ_{xz}）（MPa）

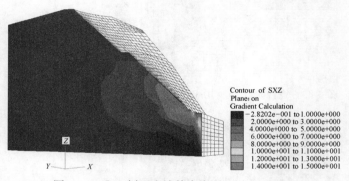

图 3-48　Ⅰ-2 剖面边坡剪应力图（τ_{xz}）（MPa）

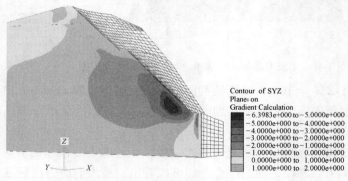

图 3-49　Ⅰ-2 剖面边坡剪应力图（τ_{yz}）（MPa）

中的现象，最大剪应力达到了 15MPa。

　　图 3-51 和图 3-52 给出了典型剖面处监测点附近区域的剪切应变率和体积应变率的变化曲线。从跟踪的结果可以看出，边坡的开采对边坡的剪切应变率和体积应变率有很大的影响，当开采结束后，边坡的剪切应变率和体积应变率逐渐平稳并且趋于零。

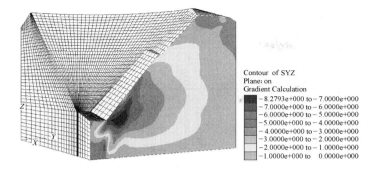

图 3-50　Ⅰ-3 剖面边坡剪应力图（τ_{yz}）（MPa）

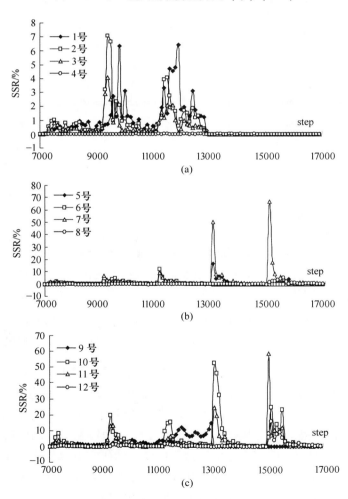

图 3-51　典型剖面上监测点附近区域剪切应变率变化曲线

（a）平行 X-Z（y=10m）平面剖面；（b）Ⅰ-2 剖面边坡；（c）Ⅰ-3 剖面边坡

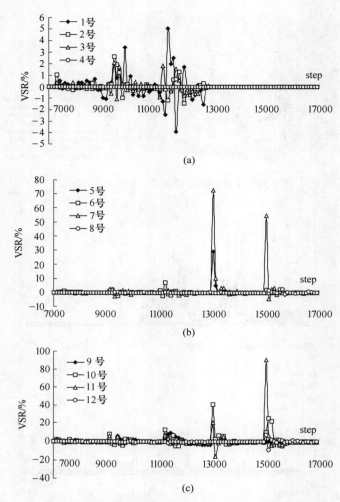

图 3-52 典型剖面上监测点附近区域体积应变率变化曲线

（a）平行 *X-Z*（*y* = 10m）平面的剖面；（b）Ⅰ-2 剖面边坡；（c）Ⅰ-3 剖面边坡

　　由于平行 *X-Z*（*y* = 10m）平面的剖面受到的剪应力较小，所以边坡在开挖过程中产生的剪切应变变化也较小，而Ⅰ-2 剖面边坡和Ⅰ-3 剖面边坡受到的剪应力较大，因此边坡开挖过程中产生的剪切应变变化较大。体积应变率的变化在平行 *X-Z*（*y* = 10m）平面的剖面上较小，而在Ⅰ-2 剖面边坡和Ⅰ-3 剖面边坡上较大。

　　通过对不同剖面上剪切应变率和体积应变率的研究可以得出，当边坡开挖结束后，监测点附近区域的剪切应变率和体积应变率都为零。这表明，边坡不再产生剪切应变和体积应变，可以保证边坡的整体稳定性。

　　通过对边坡应力场的分析可以看出，边坡的最大主应力场和最小主应力场都服从由上至下逐渐增大的变化趋势。在边坡的浅层坡面出现了小范围的拉应力，边坡岩体在拉应力的作用下将发生局部破坏，但不影响边坡的整体稳定性。剪应力场的最大值出现在坡脚以及下部边坡的浅层坡面内，对边坡的稳定性影响很大，由于剪应力在坡脚以及上延100m的范围内造成了剪应力集中，很容易造成下部边坡浅层坡面以及坡脚处岩石脱落。因此，在开采过程中应该对下部边坡部分区域以及坡脚实施必要的加固措施，确保边坡的整体稳定性，避免由于边坡的局部岩体垮落，造成边坡整体失稳。

3.4.4.2 边坡破坏场特征

从边坡的整体来看，边坡在拉应力以及剪应力的作用下，主要发生了拉破坏和剪切破坏，破坏区域主要出现在边坡的浅层坡面和边坡的坡脚，边坡顶部的第四系人工堆积物以及火山岩熔岩、角砾岩出现了大范围的剪切破坏和拉破坏（见图3-53）。

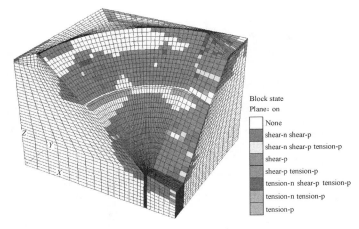

图 3-53 边坡破坏场

从边坡的典型剖面上可以看出，边坡在开采过程中，由于岩体受到扰动程度的不同以及岩体性质的不同，造成了边坡破坏性质和破坏区域的差异。第四系人工堆积物和火山岩熔岩、角砾岩在边坡的开采扰动影响下几乎全部进入了塑性破坏，边坡底部由于受到开挖扰动的影响，破坏区域在垂直方向上有所延伸。

在坡顶（$z=+198m$）水平剖面内，靠近 I -3 剖面边坡的第四系人工堆积物和火山岩熔岩、角砾岩几乎全部破坏，破坏性质主要为剪切破坏，在小范围内出现了拉破坏。边坡坡体表面在拉应力的作用下有零星的拉破坏出现，局部位置出现了剪切破坏（见图3-54）。

在宽台阶（$z=+10m$）水平剖面内，由于岩体力学性质较好，只在靠近边坡浅层坡面位置出现了零星的破坏区，破坏性质主要为剪切破坏和拉破坏（见图3-55）。

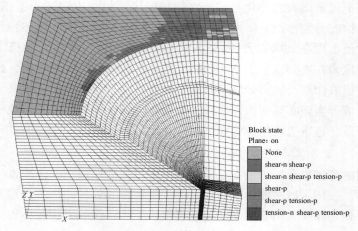

图 3-54 边坡坡顶（$z = +198$m）水平剖面破坏场

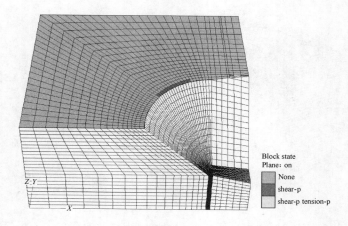

图 3-55 宽台阶（$z = +10$m）水平剖面破坏场

　　在坡底（$z = -324$m）水平剖面内，只有坡脚处发生了塑性破坏，破坏性质主要为剪切破坏，局部为拉破坏（见图 3-56）。

　　在平行 X-Z（$y = 10$m）平面的剖面，破坏区域主要发生在两个部位，一是宽台阶上延的浅层坡面，二是坡脚以及上延 150m 范围内的浅层坡面，破坏性质主要为剪切破坏，零星部位出现了拉破坏（见图 3-57）。由于破坏区向边坡内部扩展了约 50m 的范围，很容易造成边坡浅层岩体局部脱落，但不影响边坡的整体稳定性。

　　在 I-2 剖面边坡内，边坡的破坏区域主要集中在三个部分：一是下部边坡的浅层坡面发生了剪切破坏；二是宽台阶上延 100m 的坡面浅层区域也发生了剪切破坏；三是坡顶的第四系人工堆积物发生了剪切破坏和零星的拉破坏（见图

3-58）。由于破坏区域向边坡内部的延伸，很容易造成边坡坡体表面局部岩体脱落，但不影响边坡的整体稳定性。

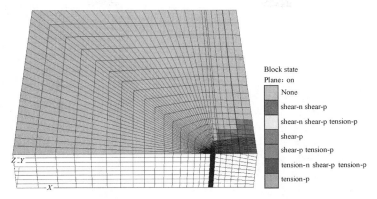

图 3-56 边坡坡底（$z = -324$m）水平剖面破坏场

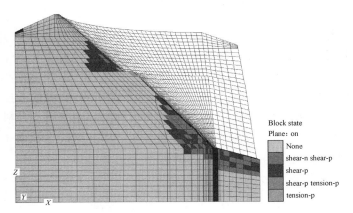

图 3-57 平行 X-Z（$y = 10$m）平面剖面破坏场

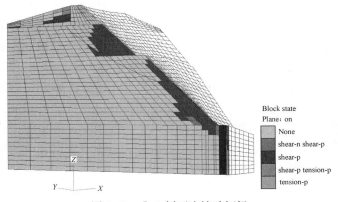

图 3-58 I-2 剖面边坡破坏场

在Ⅰ-3剖面边坡内，边坡的破坏区域在两个部分比较发育，一是边坡的坡脚以及下部边坡的浅层坡面，二是边坡顶部的第四系人工堆积物和火山岩熔岩、角砾岩几乎全部进入了塑性破坏，破坏性质为剪切破坏和拉破坏（见图3-59）。

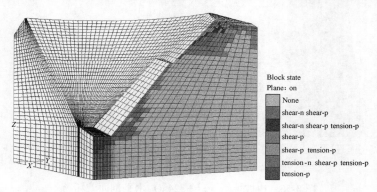

图3-59　Ⅰ-3剖面边坡破坏场

通过对边坡整体以及典型剖面的破坏场分析可以看出，边坡开挖结束后，Ⅰ-3剖面边坡顶部的第四系人工堆积物和火山岩熔岩、角砾岩，由于受到开挖扰动的影响，几乎全部脱落，影响到边坡开采的正常进行。必须实施必要有效的加固措施，确保边坡的整体稳定性。在宽台阶上延100m范围内的浅层坡面出现了连续破坏区，容易造成边坡浅层岩体局部脱落，坡脚处由于受到拉破坏和剪切破坏复合带的影响，有小范围的岩体脱落现象发生。因此建议在这两个部位同样实施必要的加固措施，避免由于边坡局部垮落导致边坡整体失稳。

3.4.4.3　边坡位移场以及位移速度特征

边坡在开采过程中，会因为产生水平位移量过大而导致边坡失稳，而水平位移速度则是确定水平位移量的重要因素，因此边坡产生的水平位移量以及水平位移速度，成为衡量边坡整体稳定性的重要指标。本次研究在考察边坡整体稳定性时，综合考虑了边坡的X方向水平位移、水平速度和Y方向水平位移、水平速度。从边坡的整体来看，边坡产生的水平位移在Ⅰ-2剖面边坡的左侧区域，主要以X方向水平位移为主，而在Ⅰ-2剖面的右侧区域，主要以Y方向水平位移为主。边坡的位移方向由坡面指向外侧，最大位移发生在Ⅰ-3剖面附近顶部的第四系人工堆积物上。从计算结果可以看出，由于受到开挖扰动的影响，边坡顶部的第四系人工堆积物和火山岩熔岩、角砾岩几乎全部脱落，为了保证边坡的整体稳定性，需要对第四系人工堆积物和火山岩熔岩、角砾岩采取有效的加固措施，保证边坡开挖的正常进行。

在坡顶（$z=+198m$）水平剖面内，最大位移发生在第四系人工堆积物和火山岩熔岩、角砾岩区域（见图3-69），方向垂直于坡面向外（见图3-60），由于第四系人工堆积物和火山岩熔岩、角砾岩力学特性较差，在开挖扰动的影响下几乎全部脱落。

在宽台阶（$z=+10$m）水平剖面内，边坡的最大位移发生在边坡的坡面处，最大值为51cm（见图3-70），在远离坡面的区域，位移量逐渐减小，位移的方向为由坡面向外（见图3-61）。

在坡底（$z=-324$m）水平剖面内，边坡的最大位移发生在边坡坡底处，最大值为20cm（见图3-71），位移的方向为由剖面向上（见图3-62）。

在平行 $X\text{-}Z$（$y=10$m）平面的剖面内，边坡位移以 X 方向水平位移为主，Y 方向水平位移影响很小。边坡的最大位移发生在宽台阶上延的50m的范围内，在宽台阶下延的100m的浅层坡面也出现了较大位移量，最大值为45cm（见图3-72），位移的方向为垂直于坡面向外（见图3-63）。

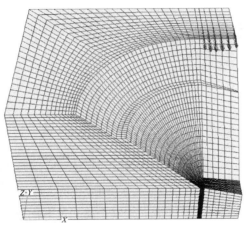

图3-60 边坡坡顶（$z=+198$m）水平剖面位移场（m）

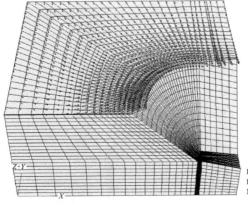

图3-61 宽台阶（$z=+10$m）水平剖面位移场（m）

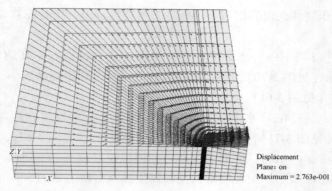

图 3-62 边坡坡底（$z=-324\text{m}$）水平剖面位移场（m）

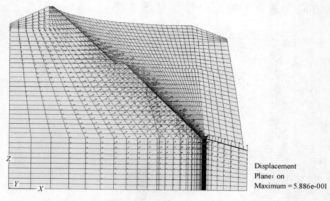

图 3-63 平行 X-Z（$y=10\text{m}$）平面剖面位移场（m）

在 I-2 剖面边坡内，边坡同时产生 X 方向水平位移和 Y 方向水平位移，从计算结果来看，边坡以 Y 方向水平位移为主，X 方向水平位移（见图 3-73）对边坡也有重要的影响，边坡的最大位移发生在宽台阶上延的 50m 的范围内，以及下部边坡的浅层坡面，最大值为 32cm（见图 3-74），位移的方向为垂直于坡面向外（见图 3-64）。

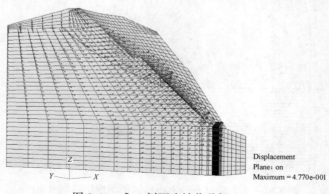

图 3-64 I-2 剖面边坡位移场（m）

在Ⅰ-3剖面边坡上，边坡以 Y 方向水平位移为主，X 方向水平位移影响很小（见图 3-66~图 3-68）。边坡由于受到开挖扰动的影响，边坡顶部的第四系人工堆积物和火山岩熔岩、角砾岩脱落，而边坡本身的最大位移发生在下部边坡的浅层坡面上，最大值为 53cm（见图 3-75），位移的方向为垂直于坡面向外（见图 3-65）。

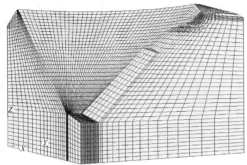

图 3-65　Ⅰ-3 剖面边坡位移场（m）

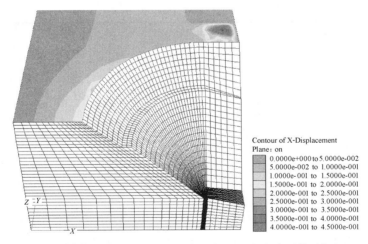

图 3-66　边坡坡顶（$z= +198m$）水平剖面 X 方向水平位移场（m）

表 3-6 给出了边坡典型剖面处监测点在边坡开挖结束后的位移量以及位移速度变化趋势，通过对典型剖面上监测点的速度和位移的比较，可以再一次看出Ⅰ-3 剖面顶部的第四系人工堆积物和火山岩熔岩、角砾岩，在边坡开挖结束后发生了脱落现象，会影响到边坡的整体稳定性，因此建议采取必要的加固措施。而坡脚由于剪应力集中的影响，也会发生小范围的岩石脱落现象，因此造成了边坡开挖结束后，坡脚处的位移速度仍保持一定的数值。这表明边坡在这一点的位移量仍在增加，但在对坡脚实施必要的加固措施之后，这种现象就可以消除，不会影响到边坡的整体稳定性。从其他各监测点的跟踪数据可以看出，当边坡开挖结

束后，典型剖面上监测点的位移速度都趋于零。这表明边坡在开挖结束后位移量不再增减，可以保证边坡的整体稳定性。

图 3-76~图 3-83 给出了边坡典型剖面上监测点的水平位移和水平速度的整体变化趋势图。

表 3-6　典型剖面监测点水平位移和水平速度统计表

剖面位置	平行 X-Z（$y=10$m）平面				Ⅰ-2 剖面边坡				Ⅰ-3 剖面边坡			
坡角（上/下）	43°/45°				43°/45°				43°/49°			
监测点	1号	2号	3号	4号	5号	6号	7号	8号	9号	10号	11号	12号
最大水平位移/cm	16.7	30	35.5	11.2	8	17.9	20.3	11.6	脱落	49	50	13.8
开挖结束速度值/cm·s⁻¹	0	0	0	3×10^{-4}	0	0	0	2×10^{-4}	6×10^{-3}	0	0	0
开挖结束速度变化趋势	趋于零	趋于零	趋于零	平缓	趋于零	趋于零	趋于零	减小	增加	趋于零	趋于零	趋于零
台阶最大水平位移/cm	45				32				53			

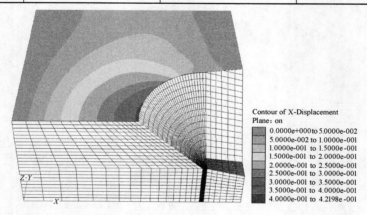

图 3-67　宽台阶（$z=+10$m）水平剖面 X 方向水平位移场（m）

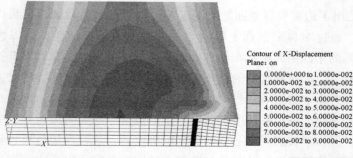

图 3-68　边坡坡底（$z=-324$m）水平剖面 X 方向水平位移场（m）

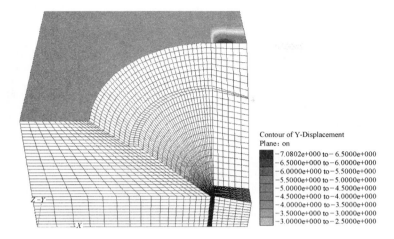

图 3-69 边坡坡顶（$z = +198\text{m}$）水平剖面 Y 方向水平位移场（m）

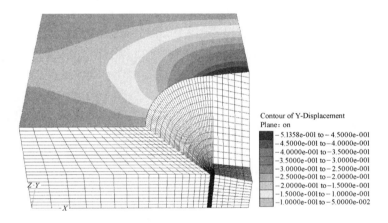

图 3-70 宽台阶（$z = +10\text{m}$）水平剖面 Y 方向水平位移场（m）

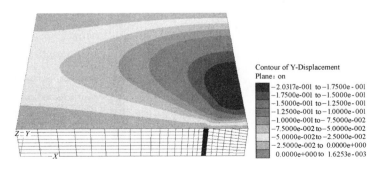

图 3-71 边坡坡底（$z = -324\text{m}$）水平剖面 Y 方向水平位移场（m）

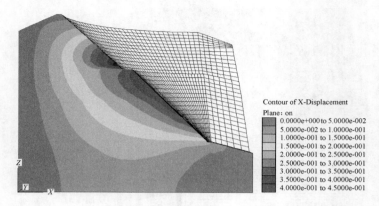

图 3-72 平行 X-$Z(y = 10\text{m})$ 平面剖面 X 方向水平位移场（m）

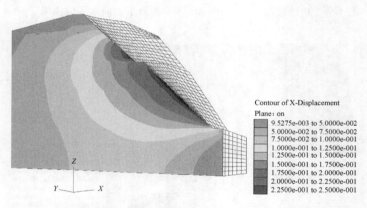

图 3-73 Ⅰ-2 剖面边坡 X 方向水平位移场（m）

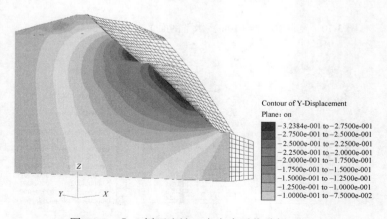

图 3-74 Ⅰ-2 剖面边坡 Y 方向水平位移场（m）

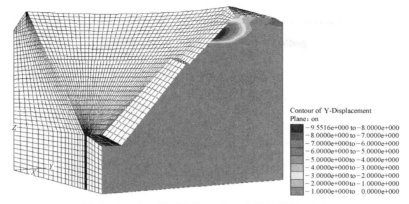

图 3-75 Ⅰ-3 剖面边坡 Y 方向水平位移场（m）

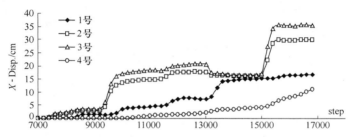

图 3-76 平行 X-Z(y = 10m) 平面剖面 X 方向水平位移曲线

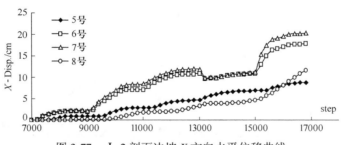

图 3-77 Ⅰ-2 剖面边坡 X 方向水平位移曲线

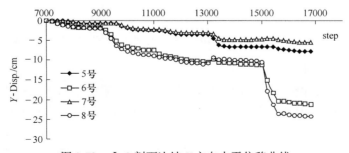

图 3-78 Ⅰ-2 剖面边坡 Y 方向水平位移曲线

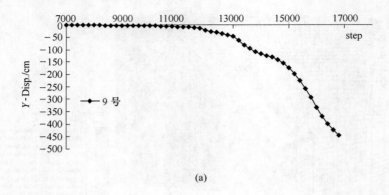

(a)

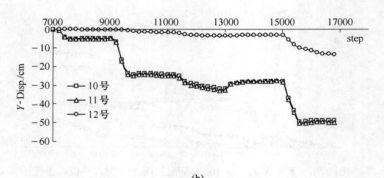

(b)

图 3-79 Ⅰ-3 剖面边坡 Y 方向水平位移曲线

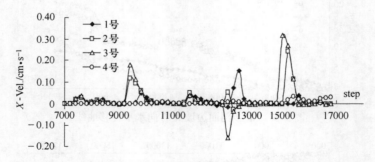

图 3-80 平行 X-Z(y = 10m) 平面的剖面 X 方向水平速度曲线

3.4.4.4 边坡渗流场特征

本次研究在假设边坡材料各向同性的基础上，采用显示算法对边坡渗流场进行计算，计算过程中涉及孔隙率和渗透率两个力学参数，具体数值见表 3-1。

图 3-84~图 3-86 给出了边坡典型剖面上的孔隙压力场，从计算结果可以看出，边坡的孔隙压力分布服从由上至下逐渐增加的变化趋势，孔隙压力在边坡底

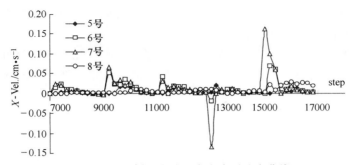

图 3-81 I-2 剖面边坡 X 方向水平速度曲线

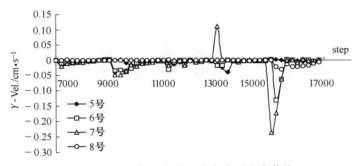

图 3-82 I-2 剖面边坡 Y 方向水平速度曲线

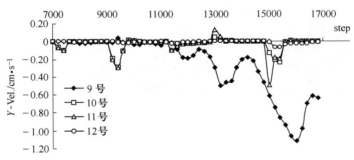

图 3-83 I-3 剖面边坡 Y 方向水平速度曲线

部出现了最大值，为 7MPa。

从边坡的整体来看，地下水渗流的路径主要是通过坡脚处的岩层以及下部边坡的浅层坡面渗出。

在平行 X-Z(y = 10m) 平面的剖面内，上部边坡由于不断进行开采，地下水逐渐渗出，而下部边坡以及边坡内部的地下水，则主要从下部边坡浅层部位以及坡脚处渗出（见图 3-87）。

在 I-2 剖面内，地下水的渗流路径基本不变，下部边坡以及边坡内部的地下水，则主要从下部边坡浅层部位以及坡脚处渗出（见图 3-88）。

在 I-3 剖面内，地下水在下部边坡的浅层坡面有所渗出，而主要的渗出路径则是边坡的底部（见图 3-89）。

通过以上对孔隙压力场和渗流场的分析可以看出，孔隙压力分布服从由上至下逐渐增加的变化趋势，而地下水的渗出路径则主要是下部边坡的浅层表面和坡脚的岩体。

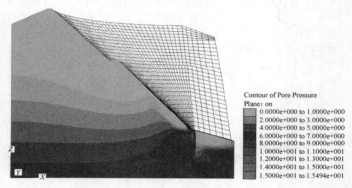

图 3-84   平行 X-Z（y = 10m）平面剖面孔隙压力场（MPa）

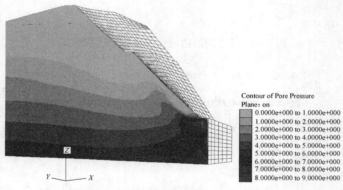

图 3-85   I-2 剖面边坡孔隙压力场（MPa）

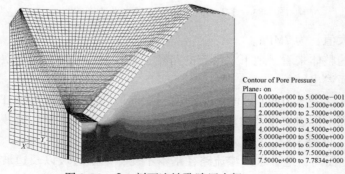

图 3-86   I-3 剖面边坡孔隙压力场（MPa）

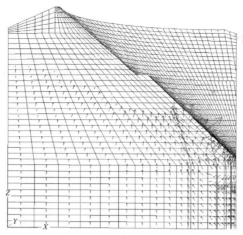

图 3-87 平行 $X\text{-}Z(y = 10\text{m})$ 平面剖面渗流场

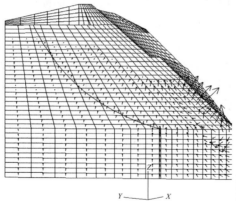

图 3-88 I-2 剖面边坡渗流场

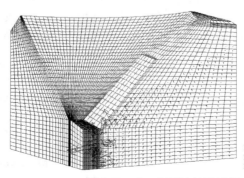

图 3-89 I-3 剖面边坡渗流场

4 边坡变形 GPS 动态监测控制网的优化设计研究

4.1 露天矿边坡动态监测

4.1.1 边坡监测目的与设计原则

露天矿边坡变形破坏动态监测是用仪器或装置探测边坡岩体移动的规律，提供边坡稳定性分析的基础资料，掌握边坡变形破坏发展趋势，预测预报滑坡，以便采取相应的处理措施，保证矿山生产安全、高效、经济的开采。

边坡变形的监测方案应按以下原则设计：

（1）监测应目的明确、重点突出。边坡工程施工和运行期监测的主要目的在于确保工程的安全。边坡安全监测以边坡岩体整体稳定性监测为主，兼顾局部变形破坏监测。因此，地表位移监测和深部变形监测是边坡安全监测的重点。

（2）监测应贯穿工程（施工、加固和运行）全过程。

（3）仪器力求少而精。

（4）安全监测常以仪器测量为主，人工巡视、宏观调查为辅。

4.1.2 国外矿山边坡监测

（1）智利 Chuquicamata 铜矿的边坡监测系统。智利 Chuquicamata 铜矿是世界上最大的露天矿之一，南北长度 4.5km，东西宽度 2.7km，现在开采深度 850m，始建于 1913 年，年采矿石 6000 万吨，岩石 14000 万吨。该矿计划到 2020 年开采至 1100m 深。该矿于 1996 年安装了一套边坡监测系统，可对矿山边坡、露天矿坑外围的区域等进行监测，主要包括以下内容：

1）2 套 Leika APA-Win 边坡自动监测系统，用于对矿山最终边坡布设的监测点进行测量。其中一套对西部边坡进行监测，另一套对东部边坡进行监测。东、西部边坡各设置 100 个监测点。

2）该矿南区边坡安设了 60 个倾斜仪，深度为 200m。

3）60 个水文观测井，大部分布设在采场内，深度在 100~200m 之间。

4）32 个压力计，其中 18 个安设在采场内，埋设深度为 150m，14 个布设在采场的周围，深度在 130~180m 之间。

5）采用全球卫星定位系统（GPS）对边坡进行监测，在采场南区周围布设20个 GPS 监测点。

6）在采场南区周围布设60个地形监测点。

7）7个拉线伸张计，用于监测局部边坡。

8）5个地表伸张计。

（2）南非 palabora 铜矿的边坡监测系统。南非 palabora 铜矿露天采场开采深度已达800m，现已转入露天－地下联合开采。

1）采用全球卫星定位系统（GPS）对边坡进行监测。该矿自1993年8月开始采用全球卫星定位系统（GPS）对边坡进行监测，布设监测点60个，两周测量一次，测量精度均在5mm范围之内。实践表明：采场内监测点布设越深，则监测的精度会越低，因为采场下部的监测点可接收到的卫星数受到限制。一般说来，GPS 系统可对位于采场封闭圈560m以上的范围内的观测点进行监测。对封闭圈560m以下用该系统进行监测时，边坡岩体变形的水平分量结果不准确。

2）地表采用地表伸张计测量。

3）深部岩体采用移动钻孔倾斜仪监测，钻孔深度为200m。

4）另外，还采用时域反射仪（TDR）监测矿山边坡深部岩体的移动。

5）地下水位监测。

（3）澳大利亚 CSIRO 实时动态边坡变形监测系统。澳大利亚 CSIRO 研制出一种新的监测系统，该系统在监测点布设装有电池的传感器，同时在该监测点安放三个或更多个地面天线。通过工业试验，该系统监测精度达到毫米级，设计使用寿命5a，仪器可安装在150m以上钻孔深部，监测边坡岩体内部的移动。

4.2　全球定位系统（GPS）简介

4.2.1　GPS 系统概述

美国国防部自1973年开始筹建研制全球定位系统 GPS（Global Positioning System）。经过方案论证、系统试验阶段后，于1989年开始发射正式工作卫星，并于1994年全部建成投入使用，耗资200亿美元。具有在海、陆、空进行全方位实时三维导航与定位能力。

GPS 系统的空间部分由24颗卫星组成，卫星向地面发射两个波段的载波信号，载波信号频率分别为1575.42 MHz（L1波段）和1224.60 MHz（L2波段），卫星上安装了精度很高的铯原子钟，以确保频率的稳定性。在载波上调制有表示卫星位置的广播星历，用于测距的 C/A 码和 P 码，以及其他系统信息，能在全球范围内，向任意多用户提供高精度的、全天候的、连续的、实时的三维测速、三维定位和授时。

对于测绘界的用户而言，GPS 已在测绘领域引起了革命性的变化。目前，范围在数千米至几千千米的控制网或形变监测网，精度上从百米至毫米级的定位，一般都将 GPS 作为首选手段。随着 RTK（Real-Time Kinematic）技术的日趋成熟，GPS 已开始向高精度动态实时定位领域渗透。

GPS 系统的技术特点包括如下：

（1）提供三维坐标。全球任何地方任何时间均可观测到 4 颗以上卫星，可以提供 24h 的连续的三维导航定位服务。

（2）全天候作业。目前 GPS 观测可在一天 24h 内的任何时间进行，不受阴天黑夜、起雾刮风、下雨下雪等气候的影响。

（3）测站间无须通视。GPS 测量不要求测站之间互相通视，只需测站上空开阔即可。由于无需点间通视，点位位置可根据需要，可稀可密，使选点工作比较灵活，也可省去经典大地网中的传算点、过渡点的测量工作。

（4）定位精度高。GPS 观测的精度要明显高于一般的常规测量手段，单点定位（导航）2~6m，静态相对测量（大地测量）$10^{-6} \sim 10^{-8}$ 之间。而在类似水厂铁矿 3km 短基线控制网双频精密定位中，1h 观测的基线向量解算中误差一般小于 2mm。

（5）自动化程度高。随着 GPS 接收机不断改进，自动化程度越来越高；接收机的体积越来越小，重量越来越轻，极大地减轻测量工作者的工作紧张程度和劳动强度。

（6）功能多、应用广。GPS 系统不仅可用于测量、导航，还可用于测速、测时。测速的精度可达 0.1m/s，测时的精度可达几十毫微秒。GPS 已成功地应用于大地测量、工程测量、航空摄影测量、运载工具导航和管制、地壳运动监测、工程变形监测、资源勘察、地球动力学等多种学科，给测绘领域带来一场深刻的技术革命。

4.2.2　GPS 系统的组成与应用

GPS 系统包括三大部分：空间部分——GPS 卫星和星座；地面控制部分——地面监控系统；用户设备部分——GPS 信号接收机。

（1）GPS 卫星和星座。GPS 工作卫星及其星座由 21 颗工作卫星和 3 颗在轨备用卫星组成，记作（21+3）GPS 星座。24 颗卫星均匀分布在 6 个轨道面上，地面高度为 20183km，轨道倾角为 55°，扁心率约为 0，运行周期约为 11h 58m，各个轨道平面之间相距 60°，即轨道的升交点赤经各相差 60°，每个轨道平面内各颗卫星之间的升交角距相差 90°，一轨道平面上的卫星比西边相邻轨道平面上的相应卫星超前 30°，如图 4-1 所示。位于地平线以上的卫星颗数随着时间和地点的不同而不同，最少可见到 4 颗，最多可见到 11 颗。

（2）地面监控系统。对于导航定位来说，GPS 卫星是一动态已知点。卫星的位置可依据卫星发射的星历（描述卫星运动及其轨道的参数）进行测算。每颗 GPS 卫星所播发的星历由地面监控系统提供、监测并控制着。GPS 工作卫星的地面监控系统包括一个主控站、三个注入站和五个监测站，分布如图 4-2 所示。

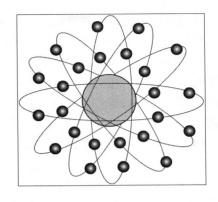

图 4-1　GPS 系统的空间卫星星座

监测站主要负责监测卫星的轨道数据、大气数据以及卫星工作状态。监测站通过主控站的遥控指令自动采集各种数据；对可见 GPS 卫星每 6min 进行一次伪距测量和多普勒积分观测、采集气象要素等数据，每 15min 平滑一次观测数据。所有观测资料经计算机初步处理后储存和传送到主控站，用以确定卫星的精确轨道。主控站主要负责协调和管理地面监控系统，根据各监测站资料，推算预报各卫星的星历、钟差和大气修正参数编制导航电文，对监测站的钟差、偏轨或失效卫星实行调控和调配。并将导航电文、指令传送到注入站。注入站主要任务是将主控站推算和编制的卫星星历、导航电文、控制指令注入相应的卫星的存储系统，监测 GPS 卫星注入信息的正确性。

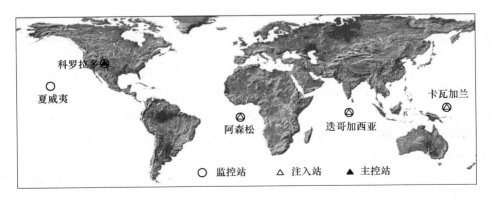

图 4-2　GPS 的地面监控系统

（3）GPS 信号接收机。GPS 信号接收机的任务是捕获到按一定卫星高度截止角所选择的待测卫星的信号，并跟踪这些卫星的运行，对所接收到的 GPS 信号进行变换、放大和处理，以便测量出 GPS 信号从卫星到接收机天线的传播时间，解译出 GPS 卫星所发送的导航电文，实时地计算出测站的三维位置、三维速度和时间。

静态定位中，GPS 接收机在捕获和跟踪 GPS 卫星的过程中固定不变，接收机高精度地测量 GPS 信号的传播时间，利用 GPS 卫星在轨的已知位置，解算出接收机天线所在位置的三维坐标。而动态定位则是用 GPS 接收机测定一个运动载体的运行轨迹。运动载体上的 GPS 接收机天线在跟踪 GPS 卫星的过程中相对地球而运动，接收机用 GPS 信号实时地测量运动载体的瞬间三维位置和三维速度。

GPS 问世以来，已充分显示其在导航、定位领域的霸主地位。许多领域也因为 GPS 的出现而产生革命性变化：

1）导航。主要是为船舶、汽车、飞机等运动物体进行定位导航。如：船舶远洋导航和进港引水，飞机航路引导和进场降落，汽车自主导航，地面车辆跟踪和城市智能交通管理，紧急救生，个人旅游及野外探险，个人通信终端（与手机、PDA、电子地图等集成一体）等。

2）授时校频。主要用于电力、邮电、通信等网络的时间同步，准确时间的授入，准确频率的授入等。

3）高精度测量。应用于各种等级的大地测量、控制测量，道路和各种线路放样，水下地形测量，地壳形变测量，大坝和大型建筑物变形监测，GIS 应用，工程机械（轮胎吊、推土机等）控制，精细农业等。

4.3 GPS 系统定位原理

4.3.1 GPS 卫星信号

GPS 卫星信号包含三种信号分量：载波、测距码和数据码。信号分量都是在同一个基本频率 $f_0 = 10.23\text{MHz}$ 的控制下产生的，如图 4-3 所示。GPS 卫星发射两种频率的载波信号，即频率为 1575.42MHz 的 L1 载波和频率为 1227.60MHz 的 L2 载波，它们的频率分别是基本频率 10.23MHz 的 154 倍和 120 倍，波长分别为 19.03cm 和 24.42cm。在 L1 和 L2 上又分别调制着多种信号，这些信号主要有：

（1）C/A 码。C/A 码又称粗捕获码，被调制在 L1 载波上，是 1.023MHz 的伪随机噪声（PRN）码，码长 1023 bit，周期为 1ms。每颗卫星的 C/A 码都不一样，常用 PRN 号来区分它们。C/A 码是普通用户用以测量测站到卫星间距离的一种主要的信号。

（2）P 码。P 码又称精码，被调制在 L1 和 L2 载波上，是 10.23MHz 的伪随机噪声码，码长 6.19×10^{12} bit，周期为 7d。P 码因频率较高，不易被干扰，定位

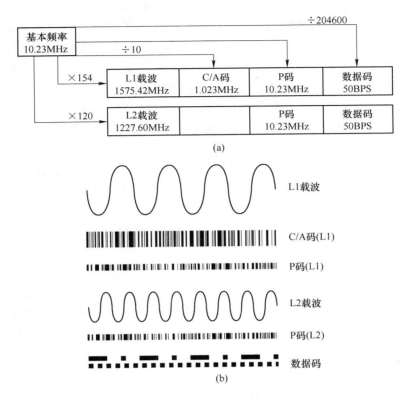

图 4-3　GPS 卫星信号示意图

精度高。

（3）数据码。数据码即卫星导航电文，包含相关卫星的星历、卫星工作状态、时间系统、卫星钟运行状态、轨道摄动改正、大气折射改正和由 C/A 码捕获 P 码等导航信息。数据码是二进制码，依固定格式组成，按帧向外播送。每帧电文含有 1500bit，播送速度 50bit/s，每帧播送时间 30s。

4.3.2　GPS 观测量的基本概念

GPS 卫星信号含有多种定位信息，根据不同的要求，可以从中获得不同的观测量，主要包括：（1）根据码相位观测得出的伪距；（2）根据载波相位观测得出的伪距；（3）由积分多普勒计数得出的伪距；（4）由干涉法测量得出的时间延迟。

采用积分多普勒计数法进行定位时，所需观测时间较长，观测过程中，要求接收机的振荡器保持高度稳定。干涉法测量时，所需设备昂贵，数据处理复杂。

这两种方法在 GPS 定位中，尚难以获得广泛应用。

目前，广泛应用的基本观测量主要有码相位观测量和载波相位观测量。码相位观测是测量 GPS 卫星发射的测距码信号（C/A 码或 P 码）到达用户接收机天线（观测站）的传播时间，也称时间延迟测量。载波相位观测是测量接收机接收到的具有多普勒频移的载波信号，与接收机产生的参考载波信号之间的相位差。而通过码相位观测或载波相位观测所确定的站星距离，都不可避免地含有卫星钟与接收机钟非同步误差的影响，含钟差影响的距离通常称为伪距。由码相位观测所确定的伪距简称测码伪距，由载波相位观测所确定的伪距简称为测相伪距。

C/A 码和 P 码码元宽度分别为 293.1m 和 29.3m，而 L1、L2 载波波长分别为 19.03cm、24.42cm，载波波长远小于码长。在分辨率相同的情况下，载波相位观测精度为 1% 周，即 L1、L2 波段信号观测的误差只有 2.0mm、2.4mm。而 C/A 码、P 码的观测精度只能达到 2.9m、0.29m。载波相位观测是目前最精确的观测方法。

载波相位观测的主要问题是无法直接测定卫星载波信号在传播路径上相位变化的整周数，存在整周不确定性问题。此外，在接收机跟踪 GPS 卫星进行观测过程中，常常由于接收机天线被遮挡、外界噪声信号干扰等原因，还可能产生整周跳变现象。

4.3.3　短基线测相伪距观测方程及其线性化

4.3.3.1　GPS 绝对定位原理

绝对定位也称单点定位，是在协议地球坐标系中，以 GPS 卫星和用户接收机天线之间的距离（或距离差）观测量为基础，根据已知的卫星瞬时坐标，来确定观测站绝对坐标。

GPS 绝对定位实质上是采用测量学中的空间距离后方交会法。原则上观测站位于以 3 颗卫星为球心，相应距离为半径的球与观测站所在平面交线的交点上。但由于 GPS 采用单程测距原理，实际观测站星距离含有卫星钟和接收机钟同步差的影响（伪距），见图 4-4。卫星钟差可根据导航电文中给出的有关钟差参数加以修正，而接收机钟差一般难以准确测定，通常将其作为一个未知参数 t_c，在数据处理中与观测站坐标一并求解。一个观测站实时求解 4 个未知数，至少需要 4 个同步伪距观测值，即至少必须同步观测 4 颗卫星。

绝对定位可根据天线所处的状态分为动态绝对定位和静态绝对定位。无论动态还是静态，所依据的观测量都是所测的站星伪距。根据观测量的性质，绝对定位分为测码伪距绝对定位和测相伪距绝对定位，而测相伪距定位精度要远高于测码伪距定位。

4.3.3.2 短基线测相伪距观测方程

如图 4-5 所示，设卫星 S^j 在卫星钟钟面时 t^j 发射的载波信号相位为 $\varphi^j(t^j)$，而接收机 T_i 在接收机钟面时刻 t_i 收到卫星信号后产生的基准信号相位为 $\varphi_i(t_i)$。这时相应于历元 t 的相位观测量 $\varphi_i^j(t)$，应当等于接收机基准信号相位与卫星发射信号相位之差减去相应于初始历元 t_0 的相位差整周未知数 $N_i^j(t_0)$，有

$$\varphi_i^j(t) = \varphi_i(t_i) - \varphi^j(t^j) - N_i^j(t_0) \qquad (4\text{-}1)$$

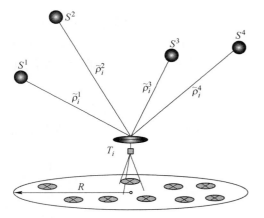

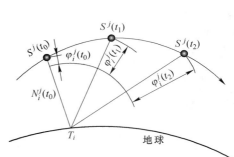

图 4-4　GPS 卫星单点定位示意图　　　　图 4-5　载波相位几何关系

卫星钟和接收机钟的振荡器都具有良好的稳定度，可视卫星信号频率与接收机基准频率相等，即 $f^j = f_i = f$。在此条件下，信号相位与频率之间存在关系式：

$$\varphi(t + \Delta t) = \varphi(t) + f\Delta t \qquad (4\text{-}2)$$

记 $t_i = t + \Delta t$，$t^j = t$，则式（4-1）可改为

$$\varphi_i^j(t) = f\Delta t - N_i^j(t_0) \qquad (4\text{-}3)$$

由于钟面时刻与 GPS 标准时间之间存在差异，因此可以假设

$$\begin{cases} t_i = t_i(\mathrm{GPS}) + \delta t_i \\ t^j = t^j(\mathrm{GPS}) + \delta t^j \end{cases} \qquad (4\text{-}4)$$

式中，$t_i(\mathrm{GPS})$ 与 $t^j(\mathrm{GPS})$ 分别表示与钟面时刻 t_i 和 t^j 相应的标准 GPS 时间；δt_i 与 δt^j 则分别是接收机钟与卫星钟的钟差改正数。于是，信号传播时间 Δt 可表示为

$$\Delta t = t_i - t^j = t_i(\mathrm{GPS}) - t^j(\mathrm{GPS}) + \delta t_i - \delta t^j = \Delta\tau + \delta t_i - \delta t^j \qquad (4\text{-}5)$$

式中，$t_i(\mathrm{GPS}) - t^j(\mathrm{GPS}) = \Delta\tau$，将上式代入式（4-3），相应观测量可进一步表示为

$$\varphi_i^j(t) = f\Delta\tau + f\delta t_i - f\delta t^j - N_i^j(t_0) \qquad (4\text{-}6)$$

而

$$\Delta\tau = t_i(\text{GPS}) - t^j(\text{GPS}) = \rho_i^j(t)/c \tag{4-7}$$

式中，$\rho_i^j(t)$ 表示卫星 S^j 至测站 T_i 间的几何距离。同时，考虑到电离层折射延迟的等效距离误差 $\delta I_i^j(t)$ 和对流层折射延迟的等效距离误差 $\delta T_i^j(t)$，得到载波相位观测方程

$$\varphi_i^j(t) = \frac{f}{c}[\rho_i^j(t) + \delta I_i^j(t) + \delta T_i^j(t)] + f\delta t_i - f\delta t^j - N_i^j(t_0) \tag{4-8}$$

若在式（4-8）两边同乘上 $\lambda = c/f$，则有测相伪距观测方程

$$\tilde{\rho}_i^j(t) = \rho_i^j(t) + \delta I_i^j(t) + \delta T_i^j(t) + c\delta t_i - c\delta t^j - \lambda N_i^j(t_0) \tag{4-9}$$

式（4-8）或式（4-9）给出的观测方程是一近似的简化表达式，但在本次研究的相对定位中，基线长度较短（小于 3km），完全可以采用这种简化短基线观测方程。

4.3.3.3 观测方程的线性化

如图 4-6 所示，设卫星 S^j 和观测站 T_i 在协议地球坐标系中瞬间空间直角坐标向量分别为：

$$\begin{cases} \boldsymbol{\rho}^j(t) = \boldsymbol{X}^j(t) = [X^j(t), \ Y^j(t), \ Z^j(t)]^{\text{T}} \\ \boldsymbol{\rho}_i = \boldsymbol{X}_i = [X_i, \ Y_i, \ Z_i]^{\text{T}} \end{cases} \tag{4-10}$$

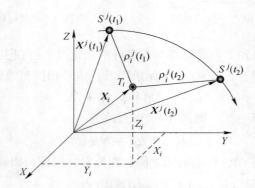

图 4-6 GPS 系统站星几何关系

则观测站与卫星之间的瞬时几何距离是坐标的非线性函数

$$\rho_i^j(t) = |\boldsymbol{\rho}^j(t) - \boldsymbol{\rho}_i| = [(X^j(t) - X_i)^2 + (Y^j(t) - Y_i)^2 + (Z^j(t) - Z_i)^2]^{1/2}$$

$$\tag{4-11}$$

设 $\boldsymbol{X}_0^j(t) = [X_0^j(t), \ Y_0^j(t), \ Z_0^j(t)]^{\text{T}}$ 为卫星 S^j 于历元 t 的坐标向量，$\boldsymbol{X}_{i0} = [X_{i0}, \ Y_{i0}, \ Z_{i0}]^{\text{T}}$ 为观测站 T_i 坐标近似向量，$\delta \boldsymbol{X}^j(t) = [\delta X^j(t), \ \delta Y^j(t), \ \delta Z^j(t)]^{\text{T}}$ 为卫星坐标改正数向量，$\delta \boldsymbol{X}_i = [\delta X_i, \ \delta Y_i, \ \delta Z_i]^{\text{T}}$ 为观测站坐标改正数向量，那么对 $\rho_i^j(t)$ 以 $\boldsymbol{X}_{i0}$ 为中心用泰勒级数展开并取一次项后可得

$$\rho_i^j(t) = \rho_{i0}^j(t) + \left(\frac{\partial\rho_i^j(t)}{\partial X_i}\right)_0 \delta X_i + \left(\frac{\partial\rho_i^j(t)}{\partial Y_i}\right)_0 \delta Y_i + \left(\frac{\partial\rho_i^j(t)}{\partial Z_i}\right)_0 \delta Z_i \quad (4\text{-}12)$$

式中
$$\begin{cases} \left(\dfrac{\partial\rho_i^j(t)}{\partial X_i}\right)_0 = -\dfrac{1}{\rho_{i0}^j(t)}[X_0^j(t) - X_{i0}] = -l_i^j(t) \\[3mm] \left(\dfrac{\partial\rho_i^j(t)}{\partial Y_i}\right)_0 = -\dfrac{1}{\rho_{i0}^j(t)}[Y_0^j(t) - Y_{i0}] = -m_i^j(t) \\[3mm] \left(\dfrac{\partial\rho_i^j(t)}{\partial Z_i}\right)_0 = -\dfrac{1}{\rho_{i0}^j(t)}[Z_0^j(t) - Z_{i0}] = -n_i^j(t) \end{cases} \quad (4\text{-}13)$$

且 $\quad \rho_{i0}^j(t) = \{[X_0^j(t) - X_{i0}]^2 + [Y_0^j(t) - Y_{i0}]^2 + [Z_0^j(t) - Z_{i0}]^2\}^{1/2} \quad (4\text{-}14)$

将式（4-12）、式（4-13）代入式（4-8）得线性化的载波相位观测方程：

$$\varphi_i^j(t) = \frac{f}{c}\{[\rho_{i0}^j(t)] - [l_i^j(t)\delta X_i + m_i^j(t)\delta Y_i + n_i^j(t)\delta Z_i] + \delta I_i^j(t) + \delta T_i^j(t)\} +$$

$$f\delta t_i - f\delta t^j - N_i^j(t_0) \quad (4\text{-}15)$$

同理，测相伪距观测方程的线性化形式为

$$\widetilde{\rho}_i^j(t) = \rho_{i0}^j(t) - [l_i^j(t)\delta X_i + m_i^j(t)\delta Y_i + n_i^j(t)\delta Z_i] + \delta I_i^j(t) + \delta T_i^j(t) +$$

$$c\delta t_i - c\delta t^j - \lambda N_i^j(t_0) \quad (4\text{-}16)$$

GPS 绝对定位精度受卫星轨道误差、钟差及信号传播误差等因素影响，尽管其中的一些系统误差，可以通过模型加以消除，但残差仍不可忽视，定位精度较低。实践表明，目前静态绝对定位精度为米级，动态绝对定位精度仅为 10 ~ 40m。所以在精密观测时普遍采用 GPS 相对定位，也称差分 GPS 定位。

4.3.4 GPS 静态相对定位原理及其线性组合

4.3.4.1 GPS 静态相对定位原理

GPS 相对定位（差分 GPS 定位）是目前 GPS 定位中精度最高的一种，广泛用于大地测量、精密工程测量、地球动力学研究和精密导航。GPS 相对定位是利用两台 GPS 接收机，分别安置在基线的两端，同步观测相同的 GPS 卫星，以确定基线端点在协议地球坐标系中的相对位置或基线向量（见图 4-7）。相对定位方法可推广到多台接收机安置在若干条基线的端点，通过同步观测 GPS 卫星，来确定多条基线向量（见图 4-8）。这样不仅可以提高工程效率，而且可以增加观测量，提高观测成果的可靠性。相对定位分为静态相对定位和动态相对定位，本次研究，由于边坡变形移动通常属于相对缓慢的位移变形，在一次观测过程中（1~2h）可以认为待测点是静止不动的，因而采用 GPS 静态相对定位观测方法，确定每一监测周期测点的三维坐标，然后推算出测点的动态位移量。

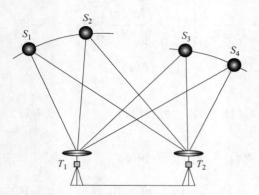

图 4-7   GPS 相对定位原理

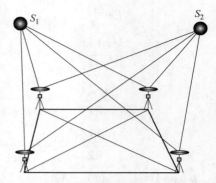

图 4-8   多台接收机相对定位作业

GPS 静态相对定位是安置在基线端点的接收机固定不动，通过连续观测，取得充足的观测数据，以改善定位精度。静态相对定位一般均采用载波相位（或测相伪距）观测值为基本观测量，由于载波波长较短，其精度远高于测码伪距观测，并且采用不同载波相位观测量的线性组合可以有效地削弱卫星星历误差、信号传播误差以及接收机钟不同步误差对定位的影响。对中等长度的基线（100～500km），相对定位精度可达 $10^{-6} \sim 10^{-8}$ 甚至更高，本次研究由于基线较短，1h 观测的基线向量解算中误差一般小于 2mm。

4.3.4.2   GPS 基本观测量及其线性组合

本次研究基线较短，影响 GPS 观测精度的诸多因素对两个或多个观测站同步观测相同卫星具有较强的相关性，因此，一种简单有效消除或减弱误差影响的方法是将这些观测量进行不同的线性组合。在 GPS 相对定位中，通常采用的线性组合方程有三种，即单差、双差和三差。

如图 4-9 所示，假设安置在基线端点的接收机 $T_i(i = 1, 2)$，对 GPS 卫星 p 和 q，于历元 t_1 和 t_2 进行了同步观测，可以得到如下的载

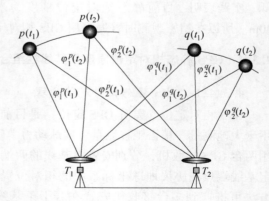

图 4-9   GPS 相对定位的观测量

波相位观测量：$\varphi_1^p(t_1)$、$\varphi_1^p(t_2)$、$\varphi_1^q(t_1)$、$\varphi_1^q(t_2)$、$\varphi_2^p(t_1)$、$\varphi_2^p(t_2)$、$\varphi_2^q(t_1)$、$\varphi_2^q(t_2)$。若取符号 $\Delta\varphi^j(t)$、$\nabla\varphi_i(t)$ 和 $\delta\varphi_i^j(t)$ 分别表示不同接收机之间、不同卫星之间和不同观测历元之间的观测量之差，则有

$$\begin{cases} \Delta\varphi^j(t) = \varphi_2^j(t) - \varphi_1^j(t) & i = 1, 2; \ j = p, q \\ \nabla\varphi_i(t) = \varphi_i^q(t) - \varphi_i^p(t) & i = 1, 2 \\ \delta\varphi_i^j(t) = \varphi_i^j(t_2) - \varphi_i^j(t_1) & i = 1, 2; \ j = p, q \end{cases} \quad (4\text{-}17)$$

4.3.4.3 单差观测方程

所谓单差（Single-Difference，SD）是指不同观测站同步观测相同卫星所得观测量之差。表示为

$$\Delta\varphi^j(t) = \varphi_2^j(t) - \varphi_1^j(t) \quad (4\text{-}18)$$

若在 t_1 时刻在测站 T_1、T_2 同时对卫星 p 进行了载波相位测量，由式（4-8）得观测方程

$$\begin{cases} \varphi_1^p(t_1) = \dfrac{f}{c}[\rho_1^p(t_1) + \delta I_1^p(t_1) + \delta T_1^p(t_1)] + f\delta t_1 - f\delta t^p - N_1^p(t_0) \\ \varphi_2^p(t_1) = \dfrac{f}{c}[\rho_2^p(t_1) + \delta I_2^p(t_1) + \delta T_2^p(t_1)] + f\delta t_2 - f\delta t^p - N_2^p(t_0) \end{cases}$$

$$(4\text{-}19)$$

将以上两式代入式（4-18）中，得

$$\begin{aligned} \Delta\varphi^p(t_1) &= \varphi_2^p(t_1) - \varphi_1^p(t_1) \\ &= \frac{f}{c}[\rho_2^p(t_1) - \rho_1^p(t_1)] + f[\delta t_2 - \delta t_1] - [N_2^p(t_0) - N_1^p(t_0)] + \\ &\quad \frac{f}{c}[\delta I_2^p(t_1) - \delta I_1^p(t_1)] + \frac{f}{c}[\delta T_2^p(t_1) - \delta T_1^p(t_1)] \end{aligned} \quad (4\text{-}20)$$

设 $\rho_{12}^p(t_1) = \rho_2^p(t_1) - \rho_1^p(t_1)$，$\delta I_{12}^p(t_1) = \delta I_2^p(t_1) - \delta I_1^p(t_1)$，$\delta T_{12}^p(t_1) = \delta T_2^p(t_1) - \delta T_1^p(t_1)$，$\delta t_{12} = \delta t_2 - \delta t_1$，$N_{12}^p(t_0) = N_2^p(t_0) - N_1^p(t_0)$，则可得单差虚拟观测方程

$$\Delta\varphi_{12}^p(t_1) = \frac{f}{c}[\rho_{12}^p(t_1) + \delta I_{12}^p(t_1) + \delta T_{12}^p(t_1)] + f\delta t_{12} - N_{12}^p(t_0) \quad (4\text{-}21)$$

由式（4-21）可知，此时卫星钟差的影响已经消除，这是单差模型的优点。两观测站接收机的相对钟差，对同一历元两站接收机同步观测量所有单差的影响均为常量。而卫星轨道误差和大气折射误差，由于基线较短，对两站同步观测结果的影响具有相关性，其对单差的影响明显减弱。

由于对流层对独立观测量的影响可以根据卫星发射的星历中实测大气资料利用模型进行修正；而电离层的影响也可以利用 GPS 双频接收机的双频技术进行修正，则载波相位观测方程中相应项，只是表示修正后的残差对相位观测量的影响。这些残差的影响，在组成单差时会进一步减弱。如果忽略残差影响，则单差方程可简化为

$$\Delta\varphi_{12}^p(t_1) = \frac{f}{c}\rho_{12}^p(t_1) + f\delta t_{12} - N_{12}^p(t_0) \quad (4\text{-}22)$$

4.3.4.4 双差观测方程

所谓双差（Double-Difference，DD），即不同观测站同步观测同一组卫星，所得单差之差。设在 1、2 测站 t_1 时刻同步观测了 p、q 两个卫星，那么对两颗卫星分别有单差模型，见式（4-22），可得双差虚拟观测方程

$$\Delta\varphi_{12}^{pq}(t_1) = \Delta\varphi_{12}^{q}(t_1) - \Delta\varphi_{12}^{p}(t_1)$$

$$= \frac{f}{c}[\rho_{12}^{q}(t_1) - \rho_{12}^{p}(t_1)] + f(\delta t_{12} - \delta t_{12}) - [N_{12}^{q}(t_0) - N_{12}^{p}(t_0)]$$

$$= \frac{f}{c}\rho_{12}^{pq}(t_1) - N_{12}^{pq}(t_0) \tag{4-23}$$

双差模型的优点是消除了接收机钟差的影响。为了便于构成双差观测方程，一般取一个观测站为参考点，同时取一颗观测卫星为参考卫星。

4.3.4.5 三差观测方程

所谓三差（Triple-Difference，TD）即于不同历元，同步观测同一组卫星，所得双差观测量之差。设在测站 T_1、T_2 分别在 t_1、t_2 历元同时观测了 p、q 两个卫星，根据式（4-22），可得三差虚拟观测方程

$$\Delta\varphi_{12}^{pq}(t_1, t_2) = \frac{f}{c}[\rho_{12}^{pq}(t_2) - \rho_{12}^{pq}(t_1)] - N_{12}^{pq}(t_0) + N_{12}^{pq}(t_0) = \frac{f}{c}\rho_{12}^{pq}(t_1, t_2)$$

$$\tag{4-24}$$

由于整周未知数 $N_{12}^{pq}(t_0)$ 与观测历元无关，因而在三差时被消除。

4.4 水厂铁矿 GPS 控制网的建立及优化设计研究

4.4.1 水厂铁矿边坡变形监控分级

根据水厂铁矿露天边坡工程地质研究结果，以及边坡部位的重要性，将水厂铁矿边坡分为三级（见图 2-2）。

一级边坡：为Ⅳ区的边坡，位于采场南、东边帮中部。边坡岩体主要由各种变质岩组成，断裂构造十分发育，有三条断层基本上为顺坡断层，对边坡稳定性十分不利。边坡上部还有较厚的人工堆积土层，强度很低，时有小型滑塌现象发生。另外该边坡下方安装了矿石胶带运输系统、东部岩石胶带运输系统等重要的设备、设施，对此部位应重点加强监测，进行一级维护。

二级边坡：为Ⅰ区、Ⅱ区的边坡。Ⅰ区位于采场南偏西部位，称为将军墓岭地区，为采场垂直高度最大的边坡，边坡总垂高将超过 680m。Ⅱ区位于采场东边帮较长的范围，边坡上部 116~68m 水平为西排胶带系统的主要运输公路，一旦该部位塌方将直接危及到西排胶带系统的正常生产，因此将这两区作为二级监

控区域。

三级边坡：Ⅲ区、Ⅴ区的边坡。Ⅲ区位于采场北东端帮，为采场转折端，呈半圆形边坡，垂高相对较小，台阶平台较宽，边坡总体稳定性相对较好。Ⅴ区位于采场南边帮，岩体结构以块状结构为主，破坏模式受结构面及其组合控制。考虑到这两个区段边坡上无重要设施，边坡自身稳定性相对较好，将其设为三级监控边坡。

4.4.2 监测点的布设

4.4.2.1 监测点布设的依据

A 国家冶金矿山监测点布设依据

具体依据内容如下：

（1）边坡监测点应根据地质和采矿条件布置在具有代表性部位，关键的地段及不稳定的平台上、运输枢纽等比较重要的地段、高边坡和服务年限较长的地段、边坡岩体结构面发育地段、风化带以及受地表水与地下水影响较大的地段。

（2）边坡监测点应组成观测线，观测线的方向应与边坡岩体移动方向大致相同，或垂直于边坡的走向，等间距布设。

（3）应对观测环境进行调查，调查埋标地点的地质条件，监测点的标志必须与边坡岩体牢固结合一起，每一观测点必须埋设混凝土观测墩，墩顶应设置强制对中底盘。

（4）地表变形监测应满足下列要求：

1）观测基点必须定期进行检验，确定其可能出现的位移；

2）监测点位移量必须代表边坡岩体的位移量；

3）在选择监测点点位时，必须考虑测量方便和监测人员的安全；

4）测量精度符合以下规定：岩质边坡监测点位移测量中误差，水平方向为±4mm，垂直方向为±2mm；软质边坡水平方向误差为±6mm，垂直方向误差为±3mm；风化岩边坡水平方向误差为±10mm，垂直方向误差为±5mm；

5）对于硬岩、软岩和风化岩边坡，监测点的水平（或垂直）位移分别大于14mm、20mm 和30mm 时，可认定为变形量较大，应进行全面监测；

6）观测周期，应根据边坡分级、变形活跃程度等方面综合进行确定。

B GPS 基准点和监测点的选择依据

根据中华人民共和国国家标准全球定位系统（GPS）测量规范（GB/T 18314—2009）第7.2.1 条提出得选点的具体规定，制定如下观测方案：

（1）应便于安置接收设备和操作，视野开阔，视场内障碍物的高度角不宜超过15°。

（2）远离大功率无线电发射源（如电视塔、电台、微波站等），其距离不小于 200m；远离高压输电线和微波无线电信号传送通道，其距离不得小于 50m。

（3）附近不应有强烈反射卫星信号的物件（如大型建筑物等）。

（4）交通方便，并有利于其他测量手段扩展和联测。

（5）地面基础稳定，易于标石的长期保存。

（6）充分利用符合要求的已有控制点。

（7）选站时应尽可能使测站附近的小环境（地形、地貌、植被等）与周围的大环境保持一致，以减少气象元素的代表性误差。

GPS 控制网根据测区实际需要和交通状况进行设计。控制网点与点间不要求通视，但考虑到实际需求，两基准点和部分监测点要求通视，这样可以在 GPS 监测边坡变形的同时，使用常规仪器对这些监测点的观测成果进行校核及加密布控监测。

4.4.2.2 监测点的布设

在各工程区固定边坡安全平台上，沿着与主滑动线垂直的方向布设一排监测点，要求具有水平位移、垂直位移监测两种功能。

A 监测点间距

由于目前国家对边坡监测点间距还没有专门的测量规范要求，可参照钻探工程的规范要求，根据工程地质分区和边坡分级，各监控点按间距 50~150m 进行布置的，通过监控结果分析，对发生变形的边坡，在原来的基础上，再适当加密监测点，间距可设置约为 25m 或更密。

同时，要求上下监测点必须对应，稳定边坡可间隔几个台阶埋设监测点，滑坡部位要求每个台阶埋设监测点。

B 监测点的埋设

如图 4-10 所示，基座平面规格为 300mm×300mm 的钢筋水泥柱，高度为 2.6m（地表以上部分高度为 1.1m，地表以下为 1.5m 或挖至稳定的基岩，底座 700mm × 700mm × 300mm），水泥柱最顶端为连接器丝扣。

4.4.3 水厂铁矿边坡监测网的建立

根据水厂铁矿边坡监测分级，结合国家冶金矿山监测点布设依据和水厂铁矿边坡稳定性研究成果，将分阶段逐步对水厂铁矿陆续到界的固定边坡，通过多种监测方式，采用两级网对边坡实施监测。

Ⅰ级网：用以控制整个边坡开挖扰动区，为建立更细的监测网提供基本框架。根据工程地质分区和有代表性边坡剖面的数值模拟分析结果，拟在全采场布设 36 个 GPS 监控点，对Ⅰ、Ⅱ、Ⅳ三个边坡不稳定区进行重点监控，监测点布

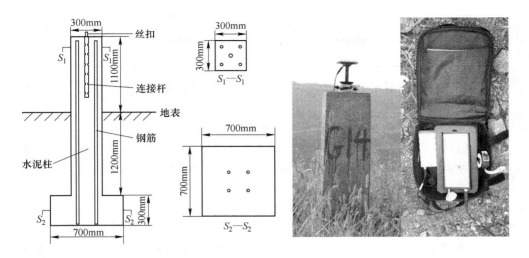

图 4-10 基座及监测设备示意图

设情况如图 4-11 和表 4-1 所示。根据目前采场固定边坡的到界情况，监控点的布
设要分两阶段来完成。

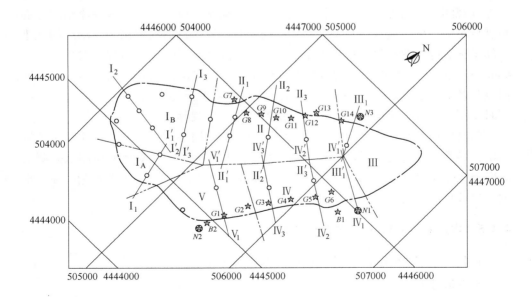

图 4-11 水厂铁矿 GPS 布点示意图

N1，N2，N3—水厂高等级 GPS 基准点；B1，B2—水厂 GPS 控制网基准点；

G1~G14—首期已布设 GPS 监测点；○—随开采陆续要布设的 GPS 监测点

表 4-1 监测点布设个数表

地质分区	Ⅰ	Ⅱ	Ⅲ	Ⅳ	Ⅴ
监测点数	11	11	2	7	5

第一阶段：共布设 16 个监测点，其中Ⅱ区 7 个、Ⅲ区 1 个、Ⅳ区 5 个、Ⅴ区 1 个，外加两个基准点；

第二阶段：随着各区边坡到界，陆续建立余下的边坡监控点。

Ⅱ级网：根据Ⅰ级网监控结果，对需要重点监控的地段加密监测点，采用 GPS 和常规仪器相结合的观测方式，确定不稳定区的几何尺寸、破坏模式、变形的发展趋势。

4.4.4 监测方式与周期

由于静态观测精度高，一般工程变形监测均采用 GPS 静态相对定位。本次研究使用 4 台 TOPCON Legacy-E GD GPS 双频接收机和双频双系统 LegAnt 零相位中心 GPS PG-A1 天线进行同步观测，采用美国里蒙迪（Remondi）发明的走走停停（Stop and Go）定位法，即利用起始基线向量确定初始整周未知数或称初始量，之后，一台接收机在参考点（基准站）上固定不动，并对所有可见卫星进行连续观测。而另外三台接收机在其周围的观测站上流动，并在每一流动站上静止进行观测，确定流动站与基准站之间的相对位置，进而确定每个流动站的三维空间坐标。静态双频接收机水平定位精度可达到 2mm+1ppm，高程上的精度达到 4mm+1ppm，在控制网较小的情况下，基线的相对定位精度非常高。本次布网监测点和基准点之间的距离不大于 3km，水平和高程上的中误差在 1~2mm 之间。同时使用全站仪、水准仪等常规测量仪器进行协助观测。

监测周期为平均每月观测一次，雨季或者前一周期变形量较大，应缩短监测周期，冬春两季若变形量连续较小，可适当延长监测周期。对重要监测点观测的时段为 2h，且需要 2 个或 2 个以上的观测时段，一般监测点为 1 个观测时段，根据卫星数目段长为 1~1.5h。

4.4.5 水厂铁矿 GPS 控制网的优化设计研究

4.4.5.1 GPS 控制网图形构成的基本概念

基本概念如下：

（1）观测时段：测站接收机从开始接受卫星信号到观测停止，连续工作的时间段，简称时段。

（2）同步观测：两台或两台以上接收机同时对同一组卫星进行观测。

（3）同步观测环：3 台或 3 台以上接收机同步观测获得基线向量所构成的闭

合环，简称同步环。

（4）独立基线：对于 N 台接收机构成的同步观测环，有 J 条同步观测基线，其中独立基线数为 $N-1$。

（5）非独立基线：除独立基线外的其他基线称为非独立基线。

4.4.5.2　GPS 控制网特征条件的计算

Sany 提出的最少观测时段数计算公式（确保精度的最低要求）：

$$C = n \cdot m/N \tag{4-25}$$

式中，C 为观测时段数；n 为网点数；m 为每点设站次数；N 为接收机数。

则在 GPS 控制网中，为确保最低的精度要求，

总基线数：
$$J_z = C \cdot N \cdot (N-1)/2 \tag{4-26}$$

必要基线数：
$$J_b = n - 1 \tag{4-27}$$

独立基线数：
$$J_d = C \cdot (N-1) \tag{4-28}$$

4.4.5.3　GPS 控制网同步图形构成及独立基线的选择

根据 Sany 提出的观测时段数计算公式，对于由 N 台 GPS 接收机构成的同步图形中的一个时段包含的基线（GPS 边）数为 $J = N(N-1)/2$。其中，仅有 $N-1$ 条是独立边，其余为非独立边。图 4-12 和图 4-13 分别给出了当接收机数 N 为 2～5 时所构成的同步图形和独立基线的选择。

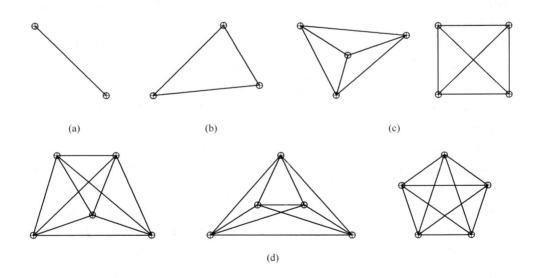

（a）　　　　　　　　（b）　　　　　　　　（c）

（d）

图 4-12　N 台接收机同步观测所构成的同步图
（a）$N=2$；（b）$N=3$；（c）$N=4$；（d）$N=5$

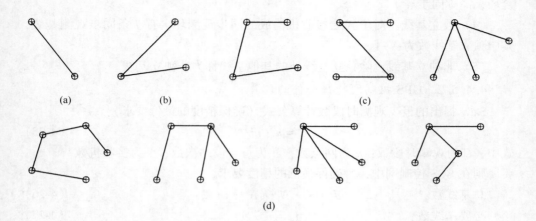

图 4-13　GPS 独立基线的不同选择

（a）$N=2$；（b）$N=3$；（c）$N=4$；（d）$N=5$

　　为了确保 GPS 观测效果的可靠性，有效地发现观测成果中的粗差，必须使 GPS 网中的独立边构成一定的几何图形。这种几何图形。可以是由数条 GPS 独立边构成的非同步多边形（亦称非同步闭合环），如三边形、四边形、五边形等。当 GPS 网中有若干起算点时，也可以由两个起算点之间的数条 GPS 独立边构成附合路线。当某条基线被两个或多个时段观测时，即形成所谓的重复基线坐标闭合差条件。异步图形闭合条件及重复基线坐标条件是衡量精度、检验粗差和系统差的重要指标。GPS 控制网的图形设计也就是根据所布设的 GPS 控制网的精度和其他方面的要求，设计出由独立 GPS 边构成的多边形网（或称为环形网）。

4.4.5.4　GPS 控制网的图形设计及原则

　　GPS 控制网是由同步图形作为基本图形扩展得到的，采用的连接方式不同，网形结构的形状也不同。GPS 控制网的布设就是如何将各同步图形合理地衔接成一个整体，使其达到精度高、可靠性强、效率高的目的。

　　根据不同的用途，GPS 网的布设按网的构成形式可分为：星形连接、附合导线连接、三角锁连接、点连式、边连式、网连式及边点混合连接等。选择怎样的组网，取决于工程所要求的精度、外业观测条件及 GPS 接收机的数量等因素。

　　（1）星形网。星形网的几何图形简单，其直接观测边间不构成任何图形。作业中只需要两台 GPS 接收机，是一种快速定位作业方式，常用于快速静态定位和准动态定位。然而，由于基线间不构成任何同步闭合图形，其抗粗差能力极差。因此，星形网广泛地应用于精度较低的工程测量、地质、边界测量、地籍测量和地形测图等领域。

　　（2）点连式。点连式是指相邻同步图形之间仅由一个公共点连接。这种布网方式所构成的图形其几何强度很弱，没有或极少有非同步图形闭合条件，所构成的网形抗粗差能力也不强，一般在作业中不单独采用。在这种网的布设中，如果在同步图形的基础上，再加测几个时段，以增加网的异步图形闭合条件个数和几何强度，可以改善网的可靠性指标。

（3）边连式。边连式是指同步图形之间由一条公共基线连接。这种布网方案，网的几何强度较高，有较多的复测边和非同步图形闭合条件。在相同的仪器台数条件下，观测的时段数将比点连式大大增加。

（4）网连式。网连式是指相邻同步图形之间有两个以上的公共点相连接，这种方法需要 4 台以上接收机。显然，这种密集的布图方法，它的几何强度和可靠性指标相当高，但花费的经费和时间也较多，一般仅适用于较高精度的控制测量。此外还有边点混合连接式、三角锁连接、导线网连接等，在此不再赘述。

GPS 控制网网形既要满足一定的精度、可靠性要求，又要有较高的经济指标。GPS 控制网网形设计遵循以下原则：

（1）在 GPS 网中不应存在自由基线。由于自由基线不构成闭合图形，不具备发现粗差的能力，因此必须避免出现。

（2）GPS 网应按"每个观测至少应独立设站观测两次"的原则进行布网，这样不同接收机测量值构成网的精度和可靠性指标比较接近。

（3）GPS 网中，某一闭合条件中基线类型不宜过多，这样可能导致各边的粗差在求闭合差时相互抵消，不利于发现粗差。因此，网中各点最好有 3 条以上基线分支，以确保检核条件，提高网的可靠性。

（4）为了便于施测，减少多路径影响，GPS 点应选在交通便利、视野开阔的地方，同时应考虑到部分点之间的通视问题，以便使用常规方法进行扩展和校核。

4.4.5.5　水厂铁矿 GPS 控制网的优化设计研究

根据前述公式，可以确定一个具体 GPS 控制网网形结构的主要特征。取目前已布的一期 14 个监测点及 2 个基准点共 16 个点，每点设站两次，4 台接收机同时观测，可知满足精度的最少观测时段数为 8，总基线数为 48，必要基线数为 15，独立基线数为 24。

在布网过程中还应着重考虑现场的监测条件，如图 4-11 所示，上盘（$G1 \sim G6$）与下盘（$G7 \sim G14$）监测点由于障碍物方位角几乎截然相反，如果同时在上盘与下盘建网，公共卫星数目较少，测量效果差。所以根据现场及交通状况，上盘和下盘监测点单独布网，并由基准点 $B1$、$B2$ 连接。$B1$、$B2$ 两基准点的精确坐标由水厂铁矿高精度基准点 $N1$、$N2$、$N3$ 与 $B1$、$B2$ 单独布网获取，每半年观测一次。首期控制网网形如图 4-14 所示，此网每一观测周期共 16 个观测时段，48 条独立基线，具体如表 4-2 所示。

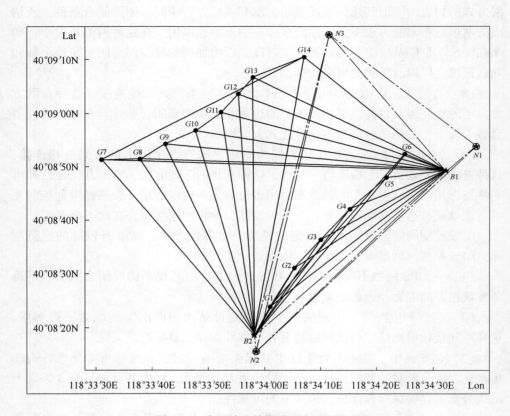

图 4-14　水厂铁矿首期监测点监测网形

表 4-2　水厂铁矿 GPS 首期控制网独立基线数矩阵表

点	N1	N2	N3	B1	B2	G1	G2	G3	G4	G5	G6	G7	G8	G9	G10	G11	G12	G13	G14
N1		2	1	1	1														
N2	2		2	1	1														
N3	1	2		1	1														
B1	1	1	1		5	1	1	1	1	2	2	1	1	1	1	1	1	1	1
B2	1	1	1	5		2	1	1	1	1	1							1	1
G1				1	2		1				1								
G2				1	1	1		1											
G3				1	1		1		1										
G4				1	1			1		1									
G5				2	1				1		1								
G6				2	1	1				1									

点	N1	N2	N3	B1	B2	G1	G2	G3	G4	G5	G6	G7	G8	G9	G10	G11	G12	G13	G14
G7				1	1								1						1
G8				1	1							1		1					
G9				1	1								1		1				
G10				1	1									1		1			
G11				1	1										1		1		
G12				1	1											1		1	
G13				1	1												1		2
G14				1	1						1							2	

水厂铁矿 GPS 最终监测网观测点的共 36 个，按照 GPS 网的图形设计原则，可知满足精度的最少观测时段数为 18，独立基线数为 48。网形设计中因网点的增多，设计网形除了应满足观测的精度，还应考虑每期监测的效率和现场交通状况，布网如图 4-15 所示，该网将上盘、下盘和 I 区分开建网，并由基准点 B1、B2 连接。水厂铁矿 GPS 最终监测网每一观测周期共 20 个观测时段，60 条独立基线。首期和终期网形结构特征对比如表 4-3 所示。

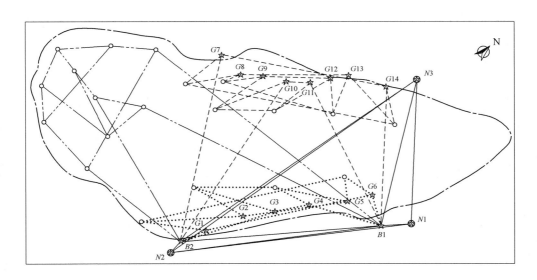

图 4-15　水厂铁矿 GPS 最终边坡监测网形

所设计的控制网有如下优点：

（1）控制网中不存在自由基线。

（2）控制网网形按照每点独立设站观测两次的原则进行建立，以保证观测精度。

（3）网中各点均有 3 条以上基线分支，可确保检核条件，提高网的可靠性。

（4）网形采用边连式，网的几何强度和可靠性较高，整个网形构成闭合图形，具有很好的抗粗差能力。

（5）控制网图形强度好。

经验证明，经过后期对监测数据的基线处理、自由网平差、约束平差，该网完全可达到边坡监测所需要的精度。

表 4-3 水厂铁矿 GPS 控制网网形结构特征对比

参量	基本特征			最低要求网形结构特征				实际网形结构特征	
	n	m	N	C	J_z	J_b	J_d	观测时段	独立基线
首期	16	2	4	8	48	15	24	16	48
终期	36	2	4	18	108	35	54	20	60

5 GPS 边坡变形动态监测数据处理及结果分析

5.1 GPS 控制网监测数据处理

5.1.1 WGS-84 坐标系统及其转化

在 GPS 系统中，卫星主要被用作位置已知的空间观测目标。因此，为了确定地面观测站位置，GPS 卫星的瞬间位置也应换算到统一的地球坐标系统中。

（1）WGS-84 坐标系。大地坐标系 WGS-84（World Geodetic System-84）是目前 GPS 所采用的坐标系统，GPS 所发布的星历参数就是基于此坐标系统的。

WGS-84 坐标系的原点为地球质心 M，Z 轴指向 BIH1984.0 定义的协议地极（Conventional Terrestrial Pole，CTP），X 轴指向 BIH1984.0 定义的零子午面与 CTP 相应的赤道的交点，Y 轴垂直于 XMZ 平面，且与 Z、X 轴构成右手坐标系（见图5-1）。WGS-84 坐标系采用的地球椭球，称为 WGS-84 椭球，主要参数为：1）长半径 $a = 6378137\text{m}$；

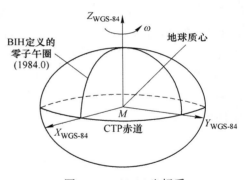

图 5-1 WGS-84 坐标系

2）WGS-84 椭球扁率 $f = 1/298.257223563$；3）地球（含大气层）引力常数 $GM = 3986005 \times 10^8 \text{m}^3/\text{s}^2$；4）正常二阶带谐系数 $C2.0 = -484.16685 \times 10^{-6}$；5）地球自转角速度 $\omega = 7292115 \times 10^{-11} \text{rad/s}$。

（2）1954 年北京坐标系。1954 年北京坐标系是我国目前广泛采用的大地测量坐标系。该坐标系采用原苏联的克拉索夫斯基（Krassovsky）椭球体，其参数为：长半径 $a = 6378245\text{m}$，扁率 $f = 1/298.3$，原点位于原苏联的普尔科夫。该椭球并未依据当时我国的天文观测资料进行重新定位，而是由原苏联西伯利亚地区的一等锁，经我国的东北地区传算过来的。该坐标系的高程异常是以原苏联 1955 年大地水准面重新平差的结果为起算值，按我国天文水准路线推算出来的，而高程又是以 1956 年青岛验潮站的黄海平均海水面为基准。

（3）坐标系的转化。在 WGS-84 下的 GPS 解算结果具有极高的精度，但由于生产的需要，必须进行坐标的转换，为了避免转换过程中造成精度损失，同时又能满足监测与生产两方面的要求，监测网应进行两种坐标系统的转换：一是将监测点的 GPS 坐标转换成矿区生产坐标系统，可通过与原有矿区生产坐标系统中的稳定点联测求解相应转换参数，高程则采用拟合方法求定点的正常高，以满足生产需要；二是在矿区选取适当子午线作中央子午线建立监测网用的平面坐标系，将 GPS 坐标转换成该平面坐标系统中的坐标，并采用大地高，这样可避免因坐标系统转换造成的精度损失。水厂铁矿生产采用的是 1954 年北京坐标系，中央子午线为 118°30′00″，E 偏移量 500km。

5.1.2 星历预报

星历预报是根据测区的地理位置，以及最新的卫星星历，对卫星状况进行预报，作为选择合适的观测时间段的依据。

卫星分布不仅决定了观测时段的长短，同时由卫星空间几何分布所决定的几何精度因子 DOP（Dilution of Precision）也影响着监测的精度，对监测点位置的星历预报可得出监测点上方各时刻的卫星分布图、可用卫星数及三维位置精度因子 PDOP（Position DOP）、垂直分量精度因子 VDOP（Vertical DOP）、水平分量精度因子 HDOP（Horizontal DOP）等值。图 5-2 为 2004 年 8 月 30 日，上午 7:30~9:30，监测点 G3 上方卫星滑过的轨迹，及 8:30 卫星所处的位置。图 5-3 为 2004 年 8 月 30 日，7:30~17:30，监测点 G3 上方不同时刻可见 GPS 卫星的数目及 DOP 值。

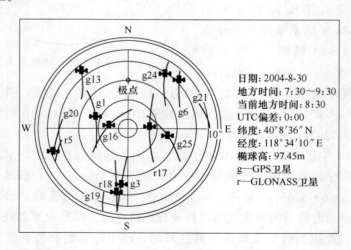

图 5-2 监测点 G3 上方卫星轨迹及分布图

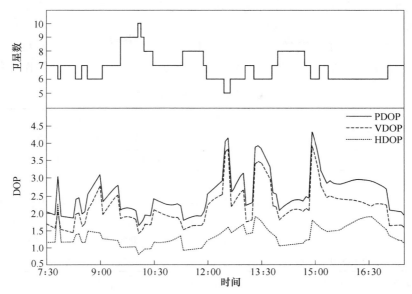

图 5-3　监测点 G3 上方卫星数及 DOP 值

由图 5-3 可知，一般可见卫星的数目决定着 DOP 值，卫星数少，DOP 值大，定位的误差就大。所以在现场监测前应参考监测点的星历预报选择合适的时间进行监测，并根据卫星数目的多少确定观测时段的长短，从而提高监测的效率和精度。

5.1.3　基线向量解算

GPS 网数据处理分基线向量解算和网平差两个阶段，为了获得 GPS 观测基线向量并对观测成果进行质量检核，首先要进行 GPS 数据的预处理。根据预处理结果对观测数据的质量进行分析并做出评价，以确保观测成果和定位结果的预期精度。表 5-1 为 2004 年 10 月 19 日，时段 $B1B2G1G2$ 原始观测数据表，表中所用时间为国际标准时 UTC 时间，晚于北京时间 8h。

表 5-1　原始数据观测表

点名	开始观测时间	观测时长	历元数	平均卫星数	平均 PDOP 值	接收机型号	天线	
							型号	垂高/m
$B1$	19. Oct. 04 00:36:00	01:33:40	563	7.4	1.7	Legacy-E GD	PG-A1	0.1715
$B2$	19. Oct. 04 00:34:10	01:35:10	572	7.4	1.8	Legacy-E GD	PG-A1	0.1723
$G1$	19. Oct. 04 00:34:30	01:35:10	572	6.6	2.4	Legacy-E GD	PG-A1	0.1741
$G2$	19. Oct. 04 00:47:50	01:21:50	492	7.4	1.7	Legacy-E GD	PG-A1	0.1742

对于两台及两台以上接收机同步观测值进行独立基线向量（坐标差）的平差计算称基线解算，即观测数据预处理。表 5-2 为 2004 年 10 月 19 日，时段 $B1B2G1G2$ 中基线 $B1G2$ 基线向量解算属性表。其主要目的是对原始数据进行编辑、加工整理、分流并产生各种专用信息文件，为进一步网平差计算作准备。

表 5-2　基线向量解算属性表

基线	公共观测时长	解算类型		观测			解算类型
		代码	类型	历元总数	RMS /mm	距离 /m	
$B1\sim G2$	01:21:50	OT DD FX	Static	5013	1.6	849.2408	Fix

GPS 载波相位中误差													
卫星号	g05～g14		g22～g14		g30～g14		g25～g14		g01～g14		g18～g14		g06～g14
载波	L1	L2	L1	L2	L1	L2	L1	L2	L1	L2	L1	L2	L1	L2
历元数	446	484	472	468	479	487	482	478	386	349	207	195	85	85
RMS /周	0.015	0.018	0.015	0.011	0.012	0.010	0.019	0.013	0.024	0.016	0.032	0.023	0.032	0.024

注：解算代码 OT DD FX 分别表示 L1&L2 双差固定解；类型 Static 表示静态。

由于首期监测网中，最长基线（$B2\sim G14$）约为 1612.4m，较短，所以采用短基线测相伪距方程及双差相位观测值进行基线解算。基线解算完毕后，基线结果并不能马上用于后续的处理，还必须对基线的质量进行检验。通常采用残差图来检验基线解算结果，基线解算的载波相位残差值应在一定的范围内。正常的残差图一般绕着零轴上下摆动，振幅不超过 0.1 周。从残差图中可判断卫星是否含有周跳或者受其他因素影响，以决定是否进行删星或剔除数据不好的时间段。

图 5-4 为基线（$B1\sim G9$）解算部分卫星 L2 载波相位残差图。图中表明，卫星 g28～g07 相位残差属正常范围，而卫星 g05～g04 相位残差振幅较大。结果发现 g05 卫星的跟踪时间较短，周跳未处理成功，故应删去 g05 卫星的数据重新解算。

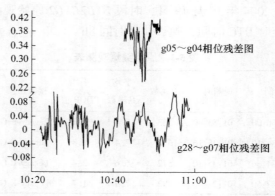

图 5-4　基线（$B1\sim G9$）解算部分卫星 L2 载波相位残差图

基线解算完毕后，基线还需要通过中误差 RMS、DOP、同步环闭合差、异步环闭合差和重复基线较差检验，只有质量合格的基线才能用于后续的处理。如表 5-3 所示为 2004 年 10 月 19 日，以时段 $B1B2G1G2$ 和 $B1B2G13G14$ 为例，基线向量解算成果检验表。如果不合格，则需要对基线进行重新解算或重新测量，然后方可进行网平差处理。

表 5-3　基线向量解算成果检验表

闭合环			环闭合差 /mm				限差 /mm	
闭合基线	环长/m	$d(N)$	$d(E)$	$d(Plan)$	$d(U)$	平面	高程
同步闭合环	$B1B2G1$	2505.8727	0.9	0.5	1.0	0.2	6.0	6.0
	$B1B2G2$	2512.2922	0.5	0.1	0.5	1.1	6.0	6.0
	$B1G2G1B2$	2523.2768	0.7	0.9	1.1	1.8	6.5	6.5
异步闭合环	$B1B2G1$	2596.8725	0.7	1.6	1.8	4.7	6.0	6.0
	$B1B2G2$	2512.2920	2.0	2.0	2.8	5.6	6.0	6.0
	$B1G2G1B2$	2523.2766	0.9	1.2	1.5	2.7	6.5	5
	$B2G2G1B1G13G14$	3894.4595	1.1	1.3	1.7	1.9	8.8	8.8
重复基线	基线	基线 1 长 /m		基线 2 长 /m			重复基线较差 /mm	
	$B1B2$	1245.3500		1245.3498			0.2	

注：限差平面和高程求解公式为：$T = [($ 基线数 $)^{1/2} \times 0.002 +$ 闭合环长度 $\times 10^{-6}]$，单位：m。

5.1.4　GPS 控制网基线向量三维网平差

（1）提取基线向量，构建 GPS 基线向量网。要进行 GPS 控制网平差，首先必须提取基线向量，构建 GPS 基线向量网。提取基线向量时需要遵循以下几项原则：

1）必须选取相互独立的基线，若选取了不相互独立的基线，则平差结果会与真实的情况不相符合；

2）所选取的基线应构成闭合的几何图形；

3）选取质量好的基线向量，基线质量的好坏，可以依据 RMS、DOP、同步环闭和差、异步环闭和差和重复基线较差来判定；

4）选取能构成边数较少的异步环的基线向量；

5）选取边长较短的基线向量。

（2）三维无约束平差。在构成了 GPS 基线向量网后，需要进行 GPS 控制网的三维无约束平差。所谓三维无约束平差，就是 GPS 控制网中只有一个已知点坐标。由于 GPS 基线向量本身提供了尺度基准和定向基准，故在 GPS 网平差时，只需提供一个位置基准。因此，网不会因为该基准误差而产生变形，所以是一种无约束平差。通过无约束平差主要达到以下几个目的：

1）判别所构成的 GPS 网中是否有粗差基线，如发现含有粗差的基线，需要进行相应的处理，必须使得最后用于构网的所有基线向量均满足质量要求；

2）调整各基线向量观测值的权，使得它们相互匹配。

（3）约束平差。在进行完三维无约束平差后，需要进行约束平差，即以国家大地坐标系或地方坐标系的某些点的固定坐标、固定边长及固定方位为网的基准，将其作为平差中的约束条件，并在平差计算中考虑 GPS 网与地面网之间的转换参数。平差可根据需要在三维空间进行或二维空间中进行。约束平差的具体步骤是：

1）指定进行平差的基准和坐标系统；

2）指定起算数据；

3）检验约束条件的质量；

4）进行平差解算，求得监测点三维坐标。

5.2 GPS 控制网平差结果及不确定度分析

水厂铁矿 GPS 首期监测网，自 2004 年 4 月布设完毕后，至 2005 年 9 月底共监测 15 次，现主要以 2004 年 10 月的监测为例，对监测结果进行详细说明和分析。

5.2.1 基线解算结果及观测质量分析

图 5-5 为 2004 年 10 月观测周期中，观测时段 $B1B2G8G9$ 的基线向量载波相位残差图，图中可以看出，观测值的残差振幅多分布在 0.04 周范围内，观测质量好。从表 5-4 可以看出，水平 N（North）、E（East）方向上的中误差相当，最大为 0.8mm，U（Up）方向的中误差稍大，大约为水平中误差两倍，最大为 1.7mm。整个观测时段基线向量中误差较小，观测精度高。

表 5-4 基线向量解算成果表

号	基线	相对坐标/m						中误差 /mm		
		N	E	U	距离	方位角	高度角	$S(N)$	$S(E)$	$S(U)$
1	$B1\sim G8$	67.5687	−1289.3294	−41.3695	1291.7613	272°59′59.65″	−1°50′06.90″	0.8	0.8	1.7
2	$B1\sim G9$	154.9773	−1185.1614	−40.5858	1195.9401	277°26′59.98″	−1°56′41.22″	0.7	0.8	1.6
3	$B2\sim B1$	946.8585	808.9012	5.8822	1245.3500	40°30′26.15″	0°16′14.27″	0.5	0.5	1.1
4	$B2\sim G8$	1014.2834	−480.4407	−35.3346	1122.8725	334°39′15.31″	−1°48′11.83″	0.7	0.7	1.4
5	$B2\sim G9$	1101.7031	−376.2820	−34.5757	1164.7031	341°08′33.42″	−1°42′04.14″	0.7	0.8	1.5
6	$G9\sim G8$	−87.4239	−104.1543	−0.7653	135.9840	229°59′27.37″	−0°19′20.91″	0.6	0.5	1.1

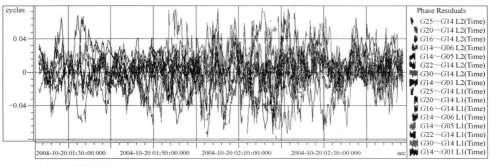

注：此处 G14 代表编号为14的GPS卫星。

(a)

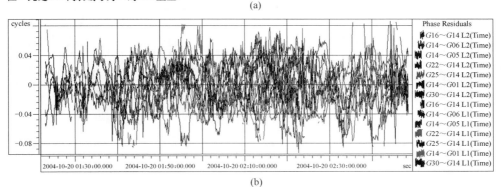

(b)

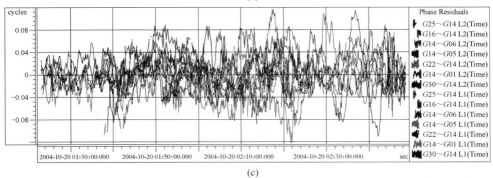

(c)

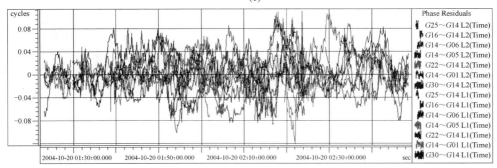

(d)

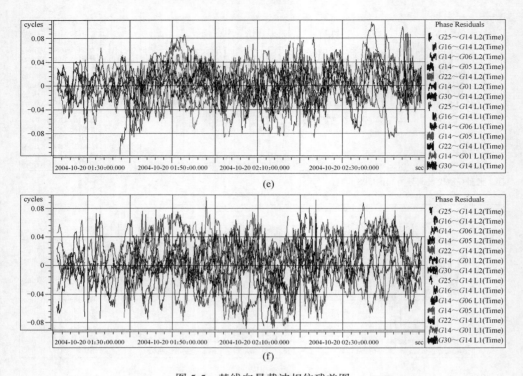

图 5-5   基线向量载波相位残差图
（a）基线 $B2 \sim B1$；（b）基线 $G8 \sim G9$；（c）基线 $B1 \sim G8$；（d）基线 $B1 \sim G9$；
（e）基线 $B2 \sim G8$；（f）基线 $B2 \sim G9$

5.2.2   网平差结果及其不确定度分析

图 5-6 为 2004 年 10 月监测周期控制网三维平差后，基线向量 NEU 残差分布柱状图。从图中可以看出，平差后 NEU 残差的误差分布成高斯正态分布，均值 μ 趋近于 0，均值 μ 和均方差 σ 的置信区间小，观测质量好。残差正态分布特征如表 5-5 所示。

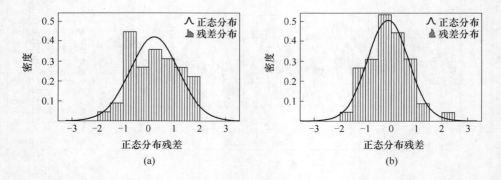

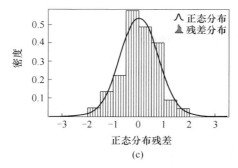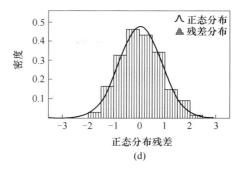

图 5-6　平差后 NEU-残差的误差分布成高斯正态分布图

（a）N 方向残差柱状图；（b）E 方向残差柱状图；（c）U 方向残差柱状图；（d）NEU 残差柱状图

表 5-5　残差正态分布特征表

	置信度 α	均值 μ	均方差 σ	μ 的置信区间	σ 的置信区间
N	95%	0.226	0.954	$-0.061 \sim 0.513$	$0.790 \sim 1.205$
E	95%	-0.077	0.791	$-0.315 \sim 0.160$	$0.655 \sim 0.999$
U	95%	0.030	0.740	$-0.192 \sim 0.253$	$0.613 \sim 0.935$
NEU	95%	0.060	0.837	$-0.083 \sim 0.202$	$0.747 \sim 0.950$

　　基线向量精度图 5-7 表明，平差后水厂铁矿 GPS 控制网基线精度较高，且由于首期控制网基线向量长度较短，均在 2km 以内，精度随基线长度的增加而变差的趋势不明显。表 5-6 为控制网三维平差后，部分监测点分别在WGS-84 和北京 54 坐标系下的最终成果。从表中可以看出，平差后，监测点坐标中误差较小，水平 N、E 方向上最大为 0.7mm，高程 H 方向上为1.4mm，高程 H 方向上中误差比水平 N、E 方向普遍偏大近一倍。表明水厂铁矿 GPS 控制网，监测结果中误差小，观测质量好，精度高，完全能达到矿山变形监测的精度和要求。

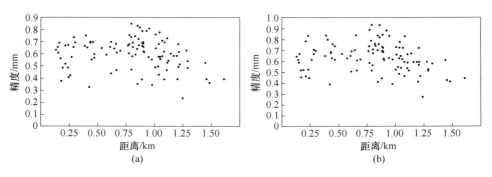

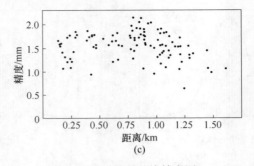

(c)

图 5-7　平差后基线精度图

（a）基线 E 方向；（b）基线 N 方向；（c）基线 U 方向

表 5-6　WGS-84 和北京 54 坐标系下监测结果

点号	WGS-84 坐标系下监测成果（BLH）			水厂北京 54 坐标系下监测成果（NEH）			中误差/mm		
	纬度 N	经度 E	椭球高/m	North/m	East/m	Height/m	$S(N)$	$S(E)$	$S(H)$
$G2$	40°08′31.09074″	118°34′05.49958″	101.3312	4445370.9476	505811.3982	102.5718	0.4	0.3	1.0
$G3$	40°08′36.26483″	118°34′10.13608″	97.4407	4445530.6234	505921.0273	98.6742	0.4	0.3	0.9
$G4$	40°08′41.95269″	118°34′15.26879″	81.4776	4445706.1574	506042.3849	82.7032	0.7	0.5	1.4
$G8$	40°08′51.35589″	118°33′38.01586″	106.8166	4445995.5397	505160.3851	108.0775	0.6	0.4	1.1
$G9$	40°08′54.19030″	118°33′42.41634″	107.5827	4446083.0369	505264.4828	108.8377	0.5	0.4	1.1
$G10$	40°08′56.84811″	118°33′47.86750″	105.4069	4446165.1059	505393.4505	106.6550	0.5	0.4	1.1

5.3　GPS 控制网监测点变形结果

图 5-8 为 GPS 各监测点水平方向累计变形矢量图。图 5-9~图 5-12 分别为北

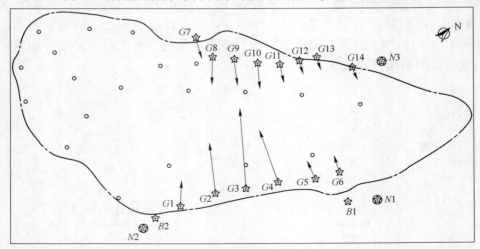

图 5-8　GPS 监测点水平方向累计变形矢量

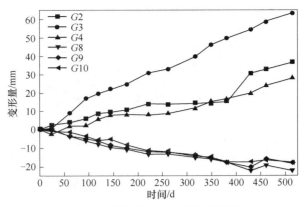

图 5-9　监测点水平 N 方向变形量

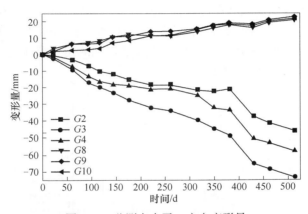

图 5-10　监测点水平 E 方向变形量

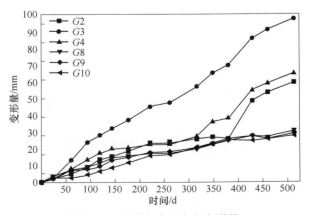

图 5-11　监测点水平方向变形量

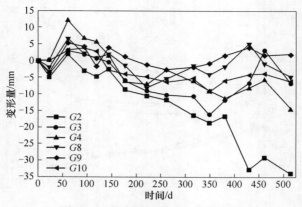

图 5-12 监测点垂直 H 方向变形量

区采场 17 号~25 号勘探线所在区域，监测点 $G2$、$G3$、$G4$、$G8$、$G9$、$G10$ 水平 N（北）方向，E（东）方向及 H（高程）方向和水平位移变化曲线，图 5-13~图 5-16 为上述 6 个监测点采用样条插值计算方法得到的旬变形速度。表 5-7 为上述 6 个监测点累计变形量及月均变形速度。

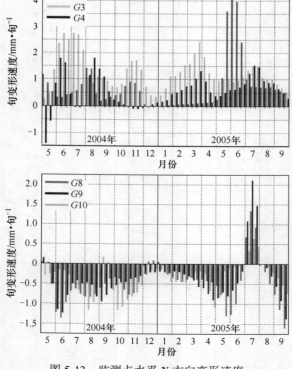

图 5-13 监测点水平 N 方向变形速度

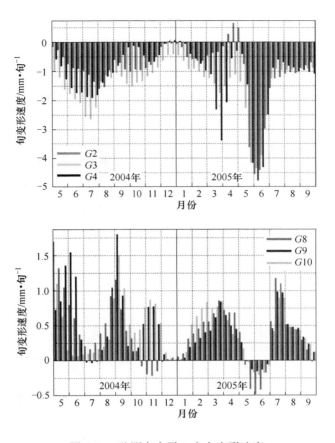

图 5-14 监测点水平 E 方向变形速度

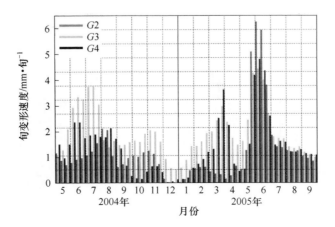

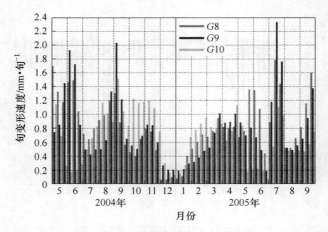

图 5-15　监测点水平方向变形速度

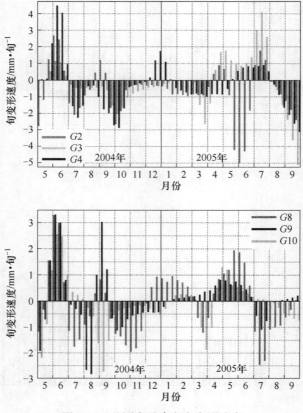

图 5-16　监测点垂直方向变形速度

表 5-7 监测点位移和速度变化量

点号	ΔN	ΔE	ΔH	ΔS	方位角	V_5	V_{6-8}	V_{9-11}	V_{12-2}	V_{3-5}	V_{6-8}	V_9
	mm				(°)	mm/月						
G2	36.53	-46.55	-34.15	59.17	308.1	2.71	3.94	2.91	0.97	2.35	8.15	2.94
G3	63.54	-73.58	-22.12	97.22	310.8	4.34	8.28	5.05	3.37	6.90	6.58	3.36
G4	28.00	-58.18	-14.47	64.57	295.7	2.90	5.46	1.45	1.32	5.68	6.25	3.39
G8	-22.48	20.78	-4.79	30.61	137.3	4.10	3.04	1.75	0.78	2.16	1.08	3.53
G9	-18.27	22.66	2.00	29.12	128.9	2.96	2.62	2.53	0.78	2.29	1.54	2.93
G10	-17.90	21.58	-6.27	28.04	129.7	2.05	1.70	2.97	1.37	1.75	1.09	1.74

5.4 边坡变形水平位移趋势等密图

露天开挖引起的边坡岩体水平移动有很强的规律性，主要体现在以下几个方面：

（1）开挖过程中，观测点的移动方向在各阶段可能有很大的不同，但从平面图上各测点水平移动总方向或大致趋势来看，一般都具有较稳定指向；从水厂铁矿 GPS 边坡监测结果来看，观测点位移矢量指向，多在垂直于层面走向的方向与边坡面倾向之间。

（2）离坡肩较远的测点，其水平移动矢量相对离坡肩较近的测点矢量小。

（3）边坡岩体浅层部位变形较深层部位变形大。

（4）边坡变形与降水密切相关，冬季边坡变形小，夏（雨）季边坡变形大的特点。

（5）冬季由于水汽凝冻硬壳的存在有助于阻止边坡的移动和变形。

通常水平方向监测结果需要监测点水平方向变形矢量图、水平位移各方向变形量图、变形速度曲线图等多图相结合才能得以很好的表述。笔者结合上述边坡岩体水平移动特点及边坡工程现场监测经验，将节理等密图绘制思路应用到监测点水平变形上，提出边坡岩体变形水平位移趋势等密图。

图 5-17 形象地反映了监测点所在区域位移，以旬为单位的变化方向、范围及总体趋势。图 5-18、图 5-19 分别显示了北区采场 17 号～25 号勘探线之间上、下盘区域边坡监测点，每 3 个月的水平位移趋势图。从这两个图中可以看出，边坡夏（雨）季变形较大，而冬季变形较小，很好地反映了矿山边坡变形规律。随着监测数据的积累，此图还可以扩展到统计每个月监测点的水平位移趋势，更细致地表述矿山开挖过程中边坡的变形特点，对矿山不同时期开挖可能发生的变形破坏规律有很好的借鉴作用。

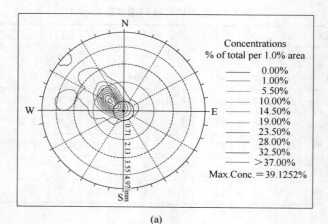

(a)

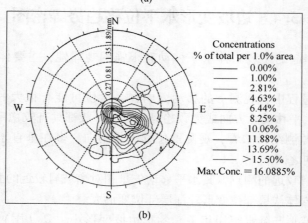

(b)

图 5-17 水平位移总趋势等密图

(a) $G2$、$G3$、$G4$；(b) $G8$、$G9$、$G10$

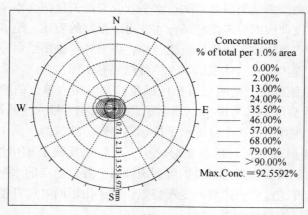

(a)

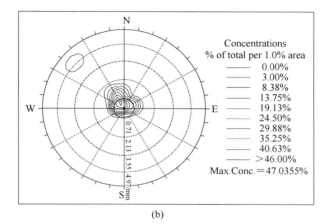

(b)

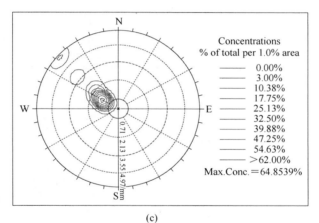

(c)

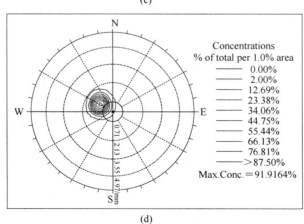

(d)

图 5-18 *G*2、*G*3、*G*4 监测点每 3 月水平位移趋势等密图

（a）12~2 月；（b）3~5 月；（c）6~8 月；（d）9~11 月

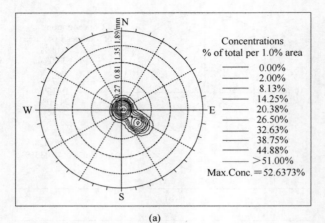

(a)

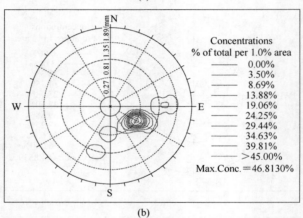

(b)

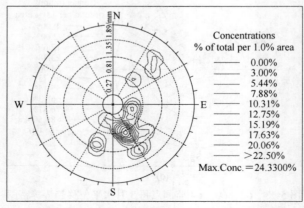

(c)

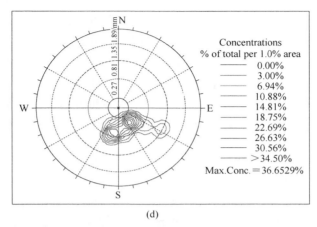

图 5-19 G8、G9、G10 监测点每 3 月水平位移趋势等密图

(a) 12~2月；(b) 3~5月；(c) 6~8月；(d) 9~11月

5.5 GPS 边坡变形动态监测结果分析

从 GPS 监测的数据处理、精度及监测点变形结果，可以得出如下结论：

（1）由图 5-8 累计监测矢量结果显示，除上盘监测点 G2、G3、G4，下盘监测点 G8、G9、G10 变形较大，其他监测点变形量较小，所在区域边坡稳定性较好。

（2）从图 5-8 可以得出，14 个监测点的水平位移向量方向和边坡面倾向基本一致，均指向矿坑开挖方向，符合露天开挖引起的岩体移动的一般规律。

（3）从表 5-1~表 5-5、图 5-5~图 5-7 可以看出，基线向量平差后 NEU 残差的误差分布成高斯正态分布，观测质量好，基线向量精度水平方向大部分分布在 1.0mm 以内，高程方向大部分分布在 2.0mm 以内，平差后水厂铁矿 GPS 控制网基线向量精度较高。

（4）由表 5-6 可以得出，经过网平差计算后的最终坐标值，水平面 N、E 方向中误差普遍在 1.0mm 以下，N、E 方向中误差均值分别为 0.69mm、0.57mm；高程 H 方向中误差也在 2.0mm 范围内，中误差均值为 1.47mm。表明 GPS 测量精度高，中误差较小，完全能达到矿山变形监测的精度和要求。

（5）由表 5-7 所示，累计位移偏移量 N（北）方向及 E（东）方向最大值均位于 G3 点，分别为 63.54mm、-73.58mm，H（高程）方向累计最大值位于 G2 点，为 -34.15mm。从图 5-9~图 5-12 可以看出，矿山边坡水平方向整体变形远大于垂直方向变形。

（6）由表 5-7 可知，监测点中 $G3$ 的水平位移偏移量最大，ΔS 为 97.22mm，矢量方向为 310.8°。而现场 $G3$ 点下方 80~34m 台阶（23 号~25 号勘探线之间），自 2004 年 4 月以来先是在各安全平台上出现了裂缝，后又发生了几次小规模局部岩体跨落，后期也出现零星滚落，这方面监测数据与现场情况及第三章数值模拟结果十分吻合。

（7）如图 5-13~图 5-15 所示，监测点 $G4$ 的水平方向变形速度自 2005 年 1 月至 2005 年 4 月呈明显上升趋势，且在 2005 年 3 月中旬开始，速度上升幅度较大，而现场靠近 $G4$ 点北侧 27 号~29 号勘探线之间局部台阶边坡岩体不稳定，特别 56~−5m 台阶于 3 月底发生了滑坡，虽然 $G4$ 点离 80m 平台坡肩较远，但也很好反映了现场情况和迹象。

（8）如图 5-10、图 5-14、图 5-15 所示，上盘 $G2$、$G3$、$G4$ 三个监测点在 2005 年 5~6 月水平方向发生了较大的变形，这是因为自 4 月中旬至 6 月上旬，$G2$ 点南侧原已到界边坡重新开挖修路，对监测点变形产生了较大影响。

（9）如图 5-13、图 5-14 所示，2005 年 5、6 月份，下盘 $G8$、$G9$、$G10$ 三监测点的变形规律与常规趋势相反，这是因为临近这三个监测点西南方排土场（与边坡开挖方向相反）进行开挖扩建施工影响所致。

（10）如图 5-12、图 5-16 所示，相比较水平方向监测结果，垂直方向变形波动较大，变形规律较差，除了因为垂直方向变形小，GPS 垂直观测精度较水平观测精度低这两个原因外，垂直方向在量测天线高时所引起的人为误差较大，现场测量中已由最先的卷尺测量，改为卡尺测量，并且采用多次分段测量求得平均值以消减人为测量误差。

（11）按以往的降水记录，6~9 月是每年降雨量最大的时期，也是滑坡最频繁的时期，而监测数据也显示（见表 5-7 及图 5-9~图 5-16），这段时间的位移变化量及变形速度相对都比较大，所以在此期间应缩短监测周期，加强对边坡变形的监控力度，而冬季变形速度较小，可适当延长监测周期。

（12）边坡变形过程通常有一个发生、发展的过程，多表现为渐进性，当边坡发生破坏，变形曲线会产生突变，且时间相对比较短暂，这就造成了现场监测总是滞后变形的发展，不能精确、及时预报滑坡破坏。所以，建议采用一机多线、天线内置监测点，这样不仅可以消除高程上人为测量天线高的误差，而且若采用较便宜的单频接收机，实时跟踪边坡变形发生、发展、破坏的整个过程，亦能达到双频静态监测的精度，取得更好的监测效果。

6　基于 BP 神经网络边坡变形
非线性预测模型研究

人工神经网络（artificial neural networks，ANN）近 30 年来发展迅速，其特色在于信息的分布式存储和并行协同处理，具有良好的自适应性、容错性。神经网络的发展对计算机科学、人工智能、认知科学、数理科学、信息科学、微电子学、自动控制与机器人、系统工程等领域都有重要影响。

边坡工程要面对和处理的对象是天然形成的、具有一定结构和构造的工程岩土体，影响边坡变形破坏的敏感性因子很多，影响因子之间相互作用及变量之间的关系十分复杂，具有很大的随机性、模糊性、信息不完整性，很难用数学方程来描述，因此决定了边坡工程是一个高度复杂的非线性系统。人工神经网络方法具有很强的非线性动态处理能力，是在生物技术的基础上借鉴人脑的结构与工作原理，使用数学方法，利用计算机技术发展起来的一项智能技术，特别适合于研究复杂的边坡变形问题。

6.1　神经网络的发展及其在岩土工程中的应用

人工神经网络是一门高度综合的交叉学科，它的研究和发展涉及神经生理科学、数理科学、信息科学和计算机科学等众多学科领域。1943 年，心理学家 McCullocn 和数学家 Pitts 首次提出了形式神经元的数学模型，该模型的提出不仅具有开创意义，而且为以后的研究工作提供了依据。1949 年，心理学家 Hebb 发表著名的 Hebb 学习法则，据此，人们可通过调节神经元之间的连接强度来实现神经网络的学习功能。1958 年，Rosenblatt 等首次引入了模拟人脑感知和学习能力的感知器（Perceptron）的概念。1962 年 Widrow 提出自适应线性元件（Adaline），具有自适应学习功能，在信号处理、模式识别等方面受到普遍重视和应用。1969 年 Minsky 和 Papert 出版了《Perceptron》一书，他们认为神经网络不能解决复杂的非线性问题，加之人工智能的迅速发展，使得整个 20 世纪 70 年代神经网络的研究处于低潮。1982 年美国加州工学院的生物物理学家 Hopfield 教授提出了仿人脑的神经网络模型，即著名的 Hopfield 模型，引入了"能量函数"的概念，给出了网络稳定性判据。它的电子电路实现为神经计算机的研究奠定了基础，同时开拓了神经网络用于联想记忆和优化计算的新途径。1986 年，Rumelhart 和 Mcclelland 等人提出多层前馈网络的反向传播算法（back propagation，BP），该算法可以求解感知器所不能解决的问题。1987 年，第一届国际神经网络会议在美国召开，此后国际神经网络协会成立，神经网络得到了更为快速的发展。随着人工神经网络理论研究的不断成熟，应用研究也迅速发展，20 世纪 90 年代以来，人工神经网络作为新学科、新方法、新技术，在自然科学和社会科学各个领域得到了广泛的应用，取得了丰硕的成果。

人工神经网络在岩土工程中的应用起步较晚。Flood I（1989）率先采用人工神经网络方法解决施工工序问题，随后研究范围逐渐扩大，如施工过程的模拟（Flood，1990）、施工费用预算（Moselhi 等，1991）、地震危害预测（Wong 等，1992），环境岩土工程问题（Basheer and Najjar，1996）等。Ghaboussi 等人（1992，1994，1997）最早提出用人工神经网络研究岩土材料的本构模型，并提出了一个 NANNs（Nested Adaptive Neural Networks）网络用以模拟砂土的应力应变关系。Ellis（1995）采用改进的序列 BP 网络模拟砂土的应力应变关系，该模型可以考虑应力历史和砂土粒径的影响，同时可以考虑卸载和加载的影响。Zhu 等人（1998）用递归神经网络 RNN（Recurrent Neural Network）模拟残积土在加载过程中的硬化和软化现象，模拟应力控制和应变控制条件下的力学行为，并认为该模型可以模拟加载—卸载—再加载的过程。Goh（1994）用 BP 网络研究了地震液化与土的参数及地震烈度、最大水平加速度等因素的关系。Goh（1996）利用 CPT 试验数据，采用 BP 网络对砂土液化进行了研究。Teh 等人（1997）采用 BP 网络预测单桩承载力；Kiefa 等人（1998）采用回归神经网络 GTNNs 预测桩的承载力、桩侧摩阻力和桩端摩阻力。Shi 等人（1998）用 BP 网络预测由于隧道开挖而引起的地面沉降。

我国学者将人工神经网络应用于岩土工程学科中始于 20 世纪 80 年代末 90 年代初。1991 年石成钢和刘西拉采用人工神经网络方法处理震中烈度与震级的关系，开始了神经网络在岩土工程领域的应用；张清在 1992 年利用神经元网络预测岩石或岩石工程的力学性态；冯夏庭等人将神经网络方法应用于采矿方法及露天矿边坡稳定性的研究中；张奇志将神经网络方法应用于复杂矿体的形状的三维有限元网格划分上；蔡美峰等人应用神经网络技术先后完成了非线性岩石本构模型的研究，根据地应力实例模型和矿山开采技术条件进行了采矿设计优化的研究。这些研究成果表明：人工神经网络在岩土工程领域有着广泛的应用前景，它在高度非线性、容错性以及准确性方面具有其他方法所无法比拟的优点。人工神经网络在岩土工程中的应用越来越普遍，应用的范围不断扩大，从侧面也反映出应用神经网络方法解决岩土工程问题的有效性。

6.2 人工神经网络模型

6.2.1 神经元模型

神经元是神经网络的基本处理单元，是一个多输入单输出的信息处理单元，而且，它对信息的处理是非线性的。图 6-1 显示了一种简化的神经元数学模型。

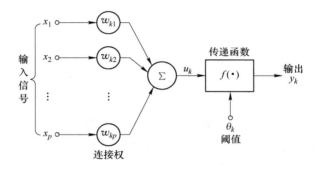

图 6-1 基本的神经元数学模型

图 6-1 中，x_1、x_2、$\cdots$、x_p 为输入信号；w_{k1}、w_{k2}、$\cdots$、w_{kp} 为神经元 k 之权值；u_k 为线性组合结果；θ_k 为阈值；$f(\cdot)$ 为传递函数；y_k 为神经元的输出。上述模型的输入输出关系可描述为：

$$u_k = \sum_{j=1}^{p} w_{kj}x_j , \qquad v_k = net_k = u_k - \theta_k , \qquad y_k = f(v_k) \tag{6-1}$$

若把输入的维数增加一维，则可把阈值 θ_k 包括进去，得：

$$u_k = \sum_{j=0}^{p} w_{kj}x_j , \qquad y_k = f(v_k) \tag{6-2}$$

此处增加了一个新的连接，其输入为 $x_0 = -1$（或 $+1$），权值为 $w_{k0} = \theta_k$。

传递函数 $f(\cdot)$ 可以有以下几种形式：

（1）阈值型函数（见图 6-2(a)）。

$$f(\cdot) = \begin{cases} 1 & v \geqslant 0 \\ 0 & v < 0 \end{cases}$$

这是神经元模型中最简单的一种函数，具有这一作用方式的神经元称为阈值型神经元，M-P 模型就属于这一类。

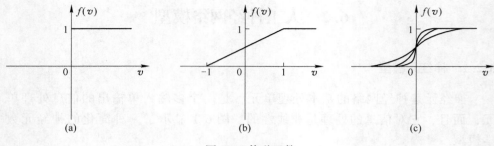

图 6-2 传递函数

（2）分段线性函数（见图 6-2（b））。

$$f(v) = \begin{cases} 1 & v \geq 1 \\ \dfrac{1}{2}(1 + v) & -1 < v < 1 \\ 0 & v \leq -1 \end{cases}$$

它类似于一个放大系数为 1 的非线性放大器，当工作于线性区时它是一个线性组合器，放大系数趋于无穷大时变成一个阈值单元。

（3）Sigmoid 函数（见图 6-2（c））。

最常用的函数形式为

$$f(v) = \frac{1}{1 + \exp(-\alpha v)}$$

参数 $\alpha > 0$ 可控制其斜率，另一种常用的是双曲正切函数

$$f(v) = \tanh\left(\frac{v}{2}\right) = \frac{1 - \exp(-v)}{1 + \exp(-v)}$$

它们的输出是非线性的，故也称为非线性连续型模型。

上述的神经元模型是人们应用最广的，也是历史最长的神经元数学模型。随着神经网络理论的发展，出现了很多新颖的神经元数学模型，包括逻辑神经元模型、模糊神经元模型等。

6.2.2 神经元网络模型及其特性

神经元和神经网络的关系是元素与整体的关系。神经元的结构很简单，工作机理也不深奥。但是用神经元组成的神经网络就非常复杂。具有以下特性：

（1）非线性。人脑的思维是非线性的，故神经网络模拟人的思维也应该是非线性的。

（2）非局域性。非局域性是人的神经系统的一个特性，人的整体行为是非局域性的最明显体现。神经网络以大量的神经元连接模拟人脑的非局域性，它的

分布存储是非局域性的一种表现。

（3）非定常性。神经网络是模拟人脑思维运动的动力学系统，它应按不同时刻的外界刺激对自己的功能进行修改，故它是一个时变系统。

（4）非凸性。神经网络的非凸性是指它有多个极值，即系统具有不止一个的较稳定的平衡状态，这种属性会使系统的演化多样化。

迄今为止，人们已提出了几十种甚至上百种不同类别的人工神经网络模型，这些神经网络模型随着其拓扑结构、构造学习规则和自组织形式的不同而不同。其中，最具代表性的神经网络模型包括：单层感知器模型、BP 网络模型、径向基函数网络模型、样条函数模型、Elman 模型、Hopfield 模型、自组织映射模型、自适应双向联想记忆模型、随机神经网络模型、模糊神经网络模型等。所有人工神经网络模型具有分布式存储、并行处理、较强的容错性和自适应等特点。在实际应用过程中，可根据需要选取不同的网络模型。

6.3 基于梯度下降法的 BP 神经网络

6.3.1 BP 神经网络概述

边坡工程是一个开放的复杂巨系统，其变形破坏受地质环境因素和工程因素的综合影响，具有随机性、模糊性、可变性等不确定性。利用 ANN 分析方法和理论，可以尽可能多地将各种影响变形的因素作为输入变量，建立这些定性定量敏感性因子和边坡变形之间的高度非线性映射模型，然后用模型来预测边坡变形。

BP 神经网络模型是目前应用最广的神经网络模型，其主要思想是把网络的学习过程分为两个阶段：第一阶段（正向传播过程），输入信息从输入层经过隐含层逐层处理并计算出各单元的实际输出值；第二阶段（误差反向传播过程），若在输出层不能得到期望的输出，那么逐层计算实际输出与期望值之间的误差，从后向前修正各层之间的权重，在不断的学习和修正过程中，可以使网络的学习误差达到最小。这里引入 BP 神经网络来预测岩质边坡的非线性变形。

Rumelhart 和 McClelland 于 1982 年成立了一个 PDP（Parallel Distributed Processing）小组，研究并行分布式信息处理的方法，探索人类认知的微结构，他们于 1986 年提出了多层网络的误差反传算法（Back Propagation），简称 BP 算法。反传算法从实践上证明了神经网络有很强的运算能力，可以解决很多具体问题。

BP 网络主要用于：

（1）函数逼近。用输入矢量和相应的输出矢量训练一个网络逼近一个函数。

（2）模式识别。用一个特定的输出矢量将它与输入矢量联系起来。

（3）分类。把输入矢量以所定义的合适方式进行分类。

（4）数据压缩。减少输出矢量维数以便于传输或存储。

BP 神经网络模型主要有以下特点：

（1）多层网络结构。BP 神经网络模型是以多层感知器为基础的误差反向传播前馈模型。根据网络单元之间的连接方式不同，BP 网络结构可以进行重构，根据应用需求，可以对网络结构进行自构和学习记忆。图 6-3 是典型的三层 BP 网络结构。

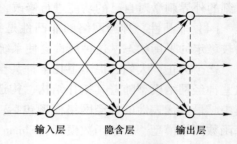

图 6-3 BP 网络结构

（2）传递函数一般使用 Sigmoid 逻辑非线性函数。

$$f(x) = \frac{1}{1 + e^{-x}} \tag{6-3}$$

（3）误差函数。

对第 P 个样本误差计算公式为

$$E_p = \frac{\sum_i (t_{pi} - O_{pi})^2}{2} \tag{6-4}$$

式中，t_{pi}，O_{pi} 分别为期望输出和网络的计算输出。

6.3.2 基于梯度下降法的 BP 神经网络学习算法

基于梯度下降法的 BP 算法指导思想是，对网络权值（w_{ij}，T_{li}）的修正与阈值（θ）的修正，使误差函数（E）沿负梯度方向下降。BP 网络三层节点表示为：输入节点 x_j，隐层节点 y_i，输出节点 O_l。

输入节点与隐层节点间的网络权值为 w_{ij}，隐层节点与输出节点间的网络权值为 T_{li}。当输出节点的期望输出为 t_l 时，BP 模型的计算公式如下：

隐层节点的输出：

$$y_i = f(\sum_j w_{ij}x_j - \theta_i) = f(net_i) \tag{6-5}$$

式中，$net_i = \sum_j w_{ij}x_j - \theta_i$。

输出节点的计算输出：

$$O_l = f(\sum_i T_{li}y_i - \theta_l) = f(net_l) \tag{6-6}$$

式中，$net_l = \sum_i T_{li}y_i - \theta_l$。

输出节点的误差公式：

$$E_p = \frac{1}{2} \sum_l (t_l - O_l)^2 = \frac{1}{2} \sum_l \left[t_l - f\left(\sum_i T_{li} y_i - \theta_l \right) \right]^2$$

$$= \frac{1}{2} \sum_l \left\{ t_l - f\left[\sum_i T_{li} f\left(\sum_j w_{ij} x_j - \theta_i \right) - \theta_l \right] \right\}^2 \tag{6-7}$$

（1）对输出节点的公式推导：

$$\frac{\partial E}{\partial T_{li}} = \sum_{k=1}^{n} \frac{\partial E}{\partial O_k} \frac{\partial O_k}{\partial T_{li}} = \frac{\partial E}{\partial O_l} \frac{\partial O_l}{\partial T_{li}} \tag{6-8}$$

式中，E 是多个 O_k 的函数，但只有一个 O_l 与 T_{li} 有关，各 O_k 间相互独立。其中

$$\frac{\partial E}{\partial O_l} = \frac{1}{2} \sum_k \left[-2(t_k - O_k) \cdot \frac{\partial O_k}{\partial O_l} \right] = -(t_l - O_l)$$

$$\frac{\partial O_l}{\partial T_{li}} = \frac{\partial O_l}{\partial net_l} \frac{\partial net_l}{\partial T_{li}} = f'(net_l) \cdot y_i$$

则

$$\frac{\partial E}{\partial T_{li}} = -(t_l - O_l) \cdot f'(net_l) \cdot y_i \tag{6-9}$$

设输出节点误差

$$\delta_l = (t_l - O_l) \cdot f'(net_l) \tag{6-10}$$

则

$$\frac{\partial E}{\partial T_{li}} = -\delta_l y_i \tag{6-11}$$

（2）对隐层节点的公式推导：

$$\frac{\partial E}{\partial w_{ij}} = \sum_l \sum_i \frac{\partial E}{\partial O_l} \frac{\partial O_l}{\partial y_i} \frac{\partial y_i}{\partial w_{ij}} \tag{6-12}$$

E 是多个 O_l 函数，针对某一个 w_{ij}，对应一个 y_i，它与所有的 O_l 有关（上式只存在对 l 的求和），其中

$$\frac{\partial E}{\partial O_l} = -(t_l - O_l)$$

$$\frac{\partial O_l}{\partial y_i} = \frac{\partial O_l}{\partial net_l} \cdot \frac{\partial net_l}{\partial y_i} = f'(net_l) \cdot \frac{\partial net_l}{\partial y_i} = f'(net_l) \cdot T_{li}$$

$$\frac{\partial y_i}{\partial w_{ij}} = \frac{\partial y_i}{\partial net_i} \cdot \frac{\partial net_i}{\partial w_{ij}} = f'(net_i) \cdot x_j$$

则

$$\frac{\partial E}{\partial w_{ij}} = \sum_l -(t_l - O_l) \cdot f'(net_l) \cdot T_{li} \cdot f'(net_i) \cdot x_j = -\sum_l \delta_l T_{li} \cdot f'(net_i) \cdot x_j \tag{6-13}$$

设隐层节点误差

$$\delta_i = f'(net_i) \cdot \sum_l \delta_l T_{li} \tag{6-14}$$

则

$$\frac{\partial E}{\partial w_{ij}} = -\delta_i x_j \tag{6-15}$$

由于权值的修正 ΔT_{li}，Δw_{ij} 正比于误差函数沿梯度下降，则有

$$\Delta T_{li} = -\eta \frac{\partial E}{\partial T_{li}} = \eta \delta_l y_i \tag{6-16}$$

$$\Delta w_{ij} = -\eta' \frac{\partial E}{\partial w_{ij}} = \eta' \delta_i x_j \tag{6-17}$$

权值修正

$$T_{li}(k+1) = T_{li}(k) + \Delta T_{li} = T_{li}(k) + \eta \delta_l y_i \tag{6-18}$$

$$w_{ij}(k+1) = w_{ij}(k) + \Delta w_{ij} = w_{ij}(k) + \eta' \delta_i x_j \tag{6-19}$$

式中，k 为迭代次数；隐层节点误差 δ_i 中的 $\sum_l \delta_l T_{li}$ 表示输出层节点 l 的误差，δ_l 为通过权值 T_{li} 向隐层节点 i 反向传播（误差 δ_l 乘权值 T_{li} 再累加）成为隐层节点的误差，如图 6-4 所示。

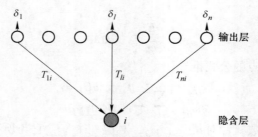

图 6-4 误差反向传播示意图

（3）阈值的修正。阈值 θ 也是一个变化值，在修正权值的同时也要对它进行修正，原理同权值的修正一样。

1）对输出节点的公式推导：

$$\frac{\partial E}{\partial \theta_l} = \frac{\partial E}{\partial O_l} \frac{\partial O_l}{\partial \theta_l} \tag{6-20}$$

式中

$$\frac{\partial E}{\partial O_l} = -(t_l - O_l)$$

$$\frac{\partial O_l}{\partial \theta_l} = \frac{\partial O_l}{\partial net_l} \cdot \frac{\partial net_l}{\partial \theta_l} = f'(net_l) \cdot (-1)$$

则

$$\frac{\partial E}{\partial \theta_l} = (t_l - O_l) \cdot f'(net_l) = \delta_l \tag{6-21}$$

由于

$$\Delta \theta_l = \eta \frac{\partial E}{\partial \theta_l} = \eta \delta_l \tag{6-22}$$

则

$$\theta_l(k+1) = \theta_l(k) + \eta \delta_l \tag{6-23}$$

2）对隐层节点的公式推导：

$$\frac{\partial E}{\partial \theta_i} = \sum_l \frac{\partial E}{\partial O_l} \frac{\partial O_l}{\partial y_i} \frac{\partial y_i}{\partial \theta_i} \tag{6-24}$$

式中

$$\frac{\partial E}{\partial O_l} = -(t_l - O_l)$$

$$\frac{\partial O_l}{\partial y_i} = f'(net_l) \cdot T_{li}$$

$$\frac{\partial y_i}{\partial \theta_i} = \frac{\partial y_i}{\partial net_i} \cdot \frac{\partial net_i}{\partial \theta_i} = f'(net_i) \cdot (-1) = -f'(net_i)$$

则

$$\frac{\partial E}{\partial \theta_i} = \sum_l (t_l - O_l) f'(net_l) \cdot T_{li} \cdot f'(net_l) = \sum_l \delta_l T_{li} \cdot f'(net_l) = \delta_i \tag{6-25}$$

由于

$$\Delta \theta_i = \eta' \frac{\partial E}{\partial \theta_i} = \eta' \delta_i \tag{6-26}$$

则

$$\theta_i(k+1) = \theta_i(k) + \eta' \delta_i \tag{6-27}$$

（4）传递函数 $f(x)$ 的导数公式。

传递函数 $f(x) = \dfrac{1}{1+e^{-x}}$，存在关系 $f'(x) = f(x) \cdot [1-f(x)]$，则

$$f'(net_k) = f(net_k) \cdot [1-f(net_k)] \tag{6-28}$$

对输出节点，$O_l = f(net_l)$，$f'(net_l) = O_l \cdot (1-O_l)$，则输出节点误差

$$\delta_l = (t_l - O_l) \cdot O_l \cdot (1-O_l) \tag{6-29}$$

对隐层节点，$y_i = f(net_i)$，$f'(net_i) = y_i \cdot (1-y_i)$，则隐层节点误差

$$\delta_i = y_i \cdot (1-y_i) \cdot \sum_l \delta_l T_{li} \tag{6-30}$$

（5）误差控制。

所有样本误差：$E = \displaystyle\sum_{k=1}^{P} e_k < \varepsilon$，其中一个样本误差

$$e_k = \sum_{l=1}^{n} | t_l^{(k)} - O_l^{(k)} | \tag{6-31}$$

式中，P 为样本数；n 为输出节点数。

6.3.3 BP 神经网络算法流程

BP 模型把一组样本的 I/O 问题变为一个非线性优化问题，使用了优化中最普通的梯度下降法，用迭代运算求解权相应于学习记忆问题，加入隐层节点使优化问题的可调参数增加，从而得到更为精确的解。根据上面的分析，可以得到 BP 网络的整个学习过程的具体步骤：

（1）网络状态初始化，用较小的随机数对网络的权值 w_{ij} 和 T_{ij} 以及阈值 θ_i 和 θ_l 赋初始值。

（2）随机选取一对学习模式 $\{x : O\}$ 输入网络。

（3）把学习模式的信号 x 作为输入层结点的输出，即 $\{I_j\} = \{x_j\}$，用输入层到中间层的权值 w_{ij} 和隐含层节点的阈值 θ_i，求出对隐含层节点 i 的输入 net_i 及相应的输出 y_i。

（4）用隐含层输出 y_i，隐含层到输出层的权值 T_{li} 以及输出层节点 l 的阈值 θ_l，求出对输出层节点 l 的输入 net_l 及相应的输出 O_l。

（5）用学习模式的期望输出值 t_l 和输出 O_l 的差求输出层节点 l 的误差 δ_l。

（6）用误差 δ_l，从隐含层到输出层的权值 T_{li} 以及隐含层的输出 y_i，求隐含层 i 的误差 δ_i。

（7）用 δ_l，T_{li}，y_i，θ_l 计算下一次隐含层和输出层之间的新连接权及输出层阈值。

（8）用 δ_i，w_{li}，x_j，θ_i 计算下一次输入层和隐含层之间的新连接权及隐含层的阈值。

（9）随机选取下一对学习模式输入网络，返回到第（3）步，直至全部模式训练完。

（10）重新从学习模式中随机选取一对学习模式，返回到步骤（3），直至网络全局误差函数 $E < \varepsilon$（网络收敛）或学习次数大于预先设定的数值（网络无法收敛）。其中，P 为样本数，n 为输出节点数，ε 为预先设定的限制值。

（11）学习结束，网络的权系数不再改动，用网络进行模式识别或预测，不需要迭代计算，只需进行前向运算一步完成。

以上的学习步骤中，（3）～（6）为输入学习模式的"顺传播过程"，（7）～（8）为网络误差的"逆传播过程"，（9）～（10）则完成训练和收敛过程。其计算流程如图 6-5 所示。

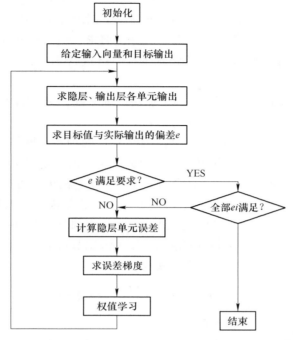

图 6-5　BP 算法计算流程

6.3.4　BP 算法的不足及改进

虽然基于 BP 算法的神经元网络理论上比较完整，实践中也得到广泛的应用，但它存在自身的限制与不足，主要表现在其训练过程的不确定性：

（1）学习算法的收敛速度很慢。对于一些复杂的问题，BP 算法可能要进行很长时间的训练，这主要是由于学习速率 η 太小所造成的。而 η 的取值目前是根据实验或经验来确定，若 η 选得太小，收敛可能很慢；若 η 选得太大，又可能出现"麻痹现象"，也可能会出现振荡现象而无法收敛。因此，学习速率 η 的选取是学习算法收敛速度的关键之一。现在普遍采用变化的学习速率或自适应的学习速率加以改进。

（2）目标函数存在局部极小点。在某些权初值下，算法的结果会陷入局部最小。由于存在一些平坦地区，在此区内误差的改变很小，造成网络不能得到完全训练。除此之外，还有初始随机加权的大小，对局部最小的影响很大。如果这些加权太大，一开始就可能使网络处于 S 型函数的饱和区，则系统有可能陷入局部最小（或非常平坦区）。一般来说，希望初始权值较小，以便使每个神经元的状态值接近于零，这样可以保证在一开始时不会落到那些平坦区上。

（3）网络的隐层和隐节点数目的确定尚无理论指导。通常采用多层网络和较多的神经元，可能得到较好的训练结果，但同时增加了网络的复杂性以及训练时间。总的来说，隐层和隐节点数目与问题的要求、输入输出单元的多少都有直接关系，可以选用几组不同的初始条件对网络进行训练，以从中挑选最好的结果。

针对 BP 算法的限制与不足，为了加快训练速度，避免陷入局部极小值，本著作在设计网络中采用了以下改进方法：

（1）附加动量的梯度下降法。基于 BP 算法的神经元网络，在学习过程中，只需要改变权重，而权重是和权重误差导数成正比的。学习速率 η 是一个常数，η 越大，权重改变越大，若能选择合适的速率，使它的值尽可能的大但又不至于引起振荡，就可以为系统提供一个最快的学习。这就需要修改反传中的学习速率，使它包含有一个动量。具体说，就是每个加权调节量上加一项正比例于前次加权变化量的值，这样每次调节完成后，要把该调节量记住，以便在下面的加权调节中使用。带有动量的加权调节公式为：

$$\Delta w(t+1) = -\eta \cdot \frac{\partial E}{\partial w} + \alpha \cdot \Delta w(t) \tag{6-32}$$

式中，α 为动量系数，一般约取 0.9。

附加动量的引入可以加快网络的速度，这是因为引入动量的效果实质是使学习过程中的 η 值不再是恒定的值。引入这个动量之后，使得调节向着底部的平均方向变化，不致产生大的摆动，即附加动量起到缓冲平滑的作用。若系统进入误差函数面的平坦区，那么误差将变化很小，于是：

$$\Delta w(t+1) \approx \Delta w(t) \tag{6-33}$$

则

$$\Delta w = \frac{-\eta}{1-\alpha} \cdot \frac{\partial E}{\partial w} \tag{6-34}$$

式中，系数 $\frac{-\eta}{1-\alpha}$ 将会变得更为有效，使调节尽快脱离饱和区。显然，附加动量的引入，加快了学习步伐。

本书算例多用此法来提高训练速度，效果非常明显。但是这种方法的缺点也比较明显，即参数 η 和 α 的选取只能通过试验来确定。

（2）局部自适应学习速率法。局部自适应学习速率法是对每个权寻找到最优学习速率，对每个连接采用单独的学习速率，这些学习速率的自适应是通过观察最后两个梯度的符号来完成的。只要检测到权值增量在符号上不改变，相应的学习速率就增加，如果符号改变，学习速率就减小。工作步骤如下：

1）对每个权重，选择某个小初值 $\eta_{ij}(0)$；

2）修改学习速率：

$$
\begin{cases}
\eta_{ij}(k+1) = \eta_{ij}(k) \times u & \text{若} \dfrac{\partial E}{\partial w_{ij}}(k+1) \times \dfrac{\partial E}{\partial w_{ij}}(k) \geqslant 0 \\[3mm]
\eta_{ij}(k+1) = \eta_{ij}(k) \times d & \text{若} \dfrac{\partial E}{\partial w_{ij}}(k+1) \times \dfrac{\partial E}{\partial w_{ij}}(k) < 0
\end{cases}
\tag{6-35}
$$

式中，$u = 1/d$，推荐值为：$u = 1.1 \sim 1.3$，$d = 0.7 \sim 0.9$。

3）更新连接：

$$
\Delta w_{ij}(k+1) = -\eta_{ij}(k+1) \cdot \frac{\partial E}{\partial w_{ij}} + \alpha \cdot \Delta w_{ij}(k)
\tag{6-36}
$$

如果总误差增加，再回溯策略重新启动更新步骤。对于这种重新启动，所有学习速率被减半。大部分运动将产生比较好的性能和减小学习时间，但实现此法的编程相对比较复杂。

（3）共轭梯度法。共轭梯度法是梯度下降法的一种改进方法，可以改善梯度下降法振荡和收敛性差的缺点。其基本思想是寻找与负梯度方向和上一次搜索方向共轭的方向作为新的搜索方向，从而加快训练速度，提高训练精度。其过程描述如下：

令 $p(k)$ 为学习算法第 k 次迭代的变化方向，则修正后的权向量应为

$$
w(k+1) = w(k) - \eta p(k)
\tag{6-37}
$$

初始时取 $p(0) = -g(0)$（即 $k=0$ 时的负梯度方向），每次迭代时的方向向量取为本次梯度方向与前一次方向的线性组合，即

$$
p(k+1) = -g(k+1) + \beta(k)p(k)
\tag{6-38}
$$

式中，$\beta(k)$ 为随 n 而变的参数，常用于求 $\beta(k)$ 的方法有两种：

1）Fletcher-Reeves 共轭梯度法：

$$
\beta(k) = \frac{g^T(n+1)g(n+1)}{g^T(n)g(n)}
\tag{6-39}
$$

2）Polak-Ribiére 共轭梯度法：

$$
\beta(k) = \frac{g^T(n+1)[g(n+1) - g(n)]}{g^T(n)g(n)}
\tag{6-40}
$$

6.4　基于 BP 神经网络的边坡变形非线性预测模型

6.4.1　影响边坡变形的敏感性因子

影响岩质边坡变形的因素很多，可分为内在因素和外部因素。内在因素包括：边坡岩土体的性质、地质构造、岩土体结构、岩体初始应力等；外部因素包

括：水的作用、地震、岩体风化、工程荷载条件及人为因素等。内在因素对边坡变形起控制作用，外在因素则使边坡的下滑力增大，使岩土体的强度降低而削弱岩土体的抗滑力，促使边坡变形破坏的发生和发展。为了与监测点变形曲线相对应，在此特别考虑影响监测点变形的敏感性因子：岩体结构、岩体质量、降水、爆破开挖、监测点离坡肩距离、边坡高度、边坡角、边坡倾向、地应力方向、温度及时间，作为边坡非线性变形预测模型的输入变量。

6.4.2 预测模型输入输出变量数字化

在对上述影响监测点变形的敏感性因子进行了分析后，确定构筑边坡非线性变形 BP 神经网络预测模型的变量如下：$\{m_v\} = \{J, BQ, W, K, L, H, \phi, \beta, \alpha, T, t, \Delta N, \Delta E, \Delta H\}$。其中，输入变量 11 个，输出变量 3 个，如表 6-1 所示。

表 6-1   BP 神经网络输入输出变量

输入变量											输出变量		
岩体结构面	岩体质量	降水/mm	爆破开挖	测点离坡肩距离/m	边坡高度/m	边坡角/(°)	边坡倾向/(°)	地应力方向/(°)	温度/℃	时间/d	N向变形	E向变形	H向变形
J	Q	W	K	L	H	ϕ	β	α	T	t	ΔN	ΔE	ΔH

神经网络计算要求所有输入输出的数据必须是数字化的，不能使用模糊的文字描述而无法进行数学计算的变量，故必须对所有计算中输入的参数进行数字化。

6.4.2.1 输入变量数字化

（1）岩体结构面 J。岩体结构面是指岩体内形成具有一定方向、规模、形态和特性的面、缝、层、带状的地质界面。显然岩体结构面是影响边坡岩体变形破坏发生和发展过程主要敏感性因子之一。监测点的变形受离其较近的大断层的影响较大，根据边坡监测经验，开挖过程中裸露的节理或裂缝，对监测点的影响也比较大。根据水厂铁矿构造图及现场开挖勘察，按照结构面对监测点影响程度的不同分为 10 级，如表 6-2 所示 。

表 6-2   边坡岩体结构面影响因素分级

岩体结构面条件	影响渐大 →									
J	0.1	0.2	0.3	0.4	0.5	0.6	0.7	0.8	0.9	1

（2）岩体质量分级 BQ。《工程岩体分级标准》（GB/T 50218—2014）认为，岩石的坚硬程度和岩体完整程度所决定的岩体基本质量，是岩体所固有的属性，是有别于工程因素的共性。岩体基本质量好，则稳定性也好；反之，稳定性差。岩体质量分级如表 6-3 所示。

表 6-3 边坡岩体质量分级

岩体质量分级	非常差		差		一般		好		非常好	
BQ	0.1	0.2	0.3	0.4	0.5	0.6	0.7	0.8	0.9	1

（3）监测点离坡肩距离 L。根据边坡变形监测经验及数值模拟所得边坡变形位移场显示，离坡肩越近部位变形越大，离坡肩较远的部位变形较小。本章采用监测点离坡肩距离的倒数作为输入变量。

（4）降水 W。水对边坡变形的影响不仅是多方面的，而且是非常活跃的，大多数边坡岩体的破坏和滑动都与水的活动有关，水对边坡还产生软化和泥化作用，使岩土体的抗剪强度大大降低，而大气降雨对边坡地下水起到分布与运移的作用。本章采用每个监测周期内的累积降水量作为降水参数的输入变量。

水厂铁矿历年平均降雨量见图 6-6，GPS 监测期间降雨量见图 6-7。

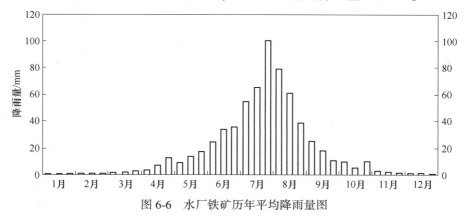

图 6-6 水厂铁矿历年平均降雨量图

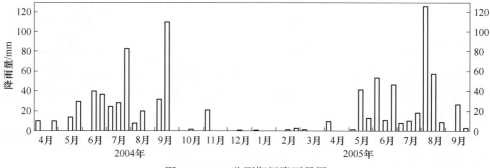

图 6-7 GPS 监测期间降雨量图

（5）边坡高度 H。大量边坡工程统计表明，随坡高增大，边坡岩体的应力状态便逐渐恶化，增加切割不利结构面的概率，从而恶化边坡岩体稳定状态。本章采用边坡高度值作为输入变量。

（6）边坡角 ϕ。通常边坡越陡越不稳定，边坡变形也越大。本章采用边坡角的正切值作为输入变量。

（7）边坡倾向 β。边坡变形的方向通常指向矿坑开挖方向，即边坡倾向。本章采用 E（东）方向为正向，以倾向的正切值作为输入变量。

（8）地应力方向 α。实践表明，构造应力较强的区域，地应力往往是露天岩体开挖工程变形和破坏的根本作用力，本章采用实测的主应力方向的正切值作为输入变量。

（9）爆破开挖 K。爆破是露天矿常用的破岩方法，它使边坡长期受到反复的扰动。爆破发生时，通过岩体的地震波给岩体潜在的破坏面以附加的振动力，增大了原生结构面和构造面的规模，并产生次生结构面，进而影响边坡的稳定性，增加边坡的变形。本章先计算每次爆破造成的监测点岩体振动速度，后计算为爆破烈度，采用监测周期内爆破对监测点处爆破烈度作为输入变量。爆破震动烈度如表 6-4 所示。

表 6-4　爆破震动烈度表

烈度/度	震动的特征	$V_{max}/cm \cdot s^{-1}$
1	只有仪器才能记录到振动	<0.2
2	在静止状态下有时感觉到振动	0.2~0.4
3	一些人或知道有爆破的人感觉到振动	0.4~0.8
4	许多人注意到振动，窗户玻璃发出声响	0.8~1.5
5	粉刷的灰粉散落，欲倒塌的房屋发生破坏	1.5~3.0
6	抹灰层有细小裂缝，歪的房屋破坏	3.0~6.0
7	处于良好的房屋破坏	6.0~12.0
8	房屋严重破坏	12.0~24.0
9	房屋毁坏、局部倒塌	24.0~48.0
10~12	房屋大量毁坏和倒塌	>48.0

（10）温度 T。温度是造成岩体发生物理风化的主要原因之一，对监测点的变形有着很大影响。本章直接采用温度值作为输入变量。水厂铁矿历年温度平均值见图 6-8。

（11）时间 t。时间是变形量积累的主要因素之一，监测周期内间隔的时间越长，变形量越大。本章采用监测周期间隔天数为输入变量。

6.4.2.2　输出变量数字化

神经网络学习需要大量的训练样本才能达到较高的精度，而监测数据有限，所以本章采用三次样条插值方法将监测结果以旬为单位进行数学插值，所得变化结果即为网络模型的输出变量。

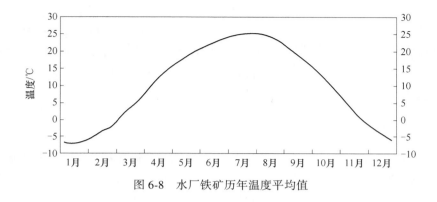

图 6-8　水厂铁矿历年温度平均值

6.4.3　BP 神经网络的设计分析

具体内容如下：

（1）网络的层数及节点数。理论上早已证明：具有偏差和至少一个 S 型隐含层加上一个线性输出层的网络，能够逼近任何有理函数。增加层数和隐含层的节点数，都能降低误差、提高精度，但增加隐含层的神经元数，其训练效果要比增加层数更容易观察和调整，所以在一般情况下，应优先考虑增加隐含层的神经元数。隐含层节点数的选择理论上没有明确的规定，在具体设计时，比较实际的做法是通过对不同节点数进行训练对比，然后适当加上一点余量。通过训练对比，本章网络模型采用两个隐含层，节点数分别为 11 和 8，输入层和输出层的节点数依实际情况而定。

（2）初始权值的选取。由于系统是非线性的，初始值对于学习是否达到局部最小，是否能够收敛以及训练时间长短的影响很大。一般总是希望初始加权后的每个神经元的输入值接近于零，这样可以保证每个神经元的权值都能够在它们的 S 型激活函数变化最大之处进行调节。所以，一般取初始权值为（-1，1）之间的随机数。

（3）学习速率。学习速率决定每一次循环训练中所产生的权值变化量。大的学习速率可能导致系统不稳定，但小的学习速率会导致训练较长，收敛速度慢。通过对附加动量梯度下降法和局部自适应学习速率法的训练比较，发现局部自适应学习速率法程序较复杂。对本章网络模型，附加动量的梯度下降法即为一个很好的动态调整学习速率方法。

（4）传递函数的应用。因为本书采用双隐层 BP 神经网络，所以从输入变量→第一隐含层→第二隐含层→输出变量，需要三个传递函数连接。通过模拟比较，水平方向变形隐含层分别采用正切 Sigmoid 型传递函数 Tansig 和对数 Sigmoid 型传递函数 Logsig，垂直方向变形因为实测曲线波动性较强，分别采用

Tansig(sin$x$) 型和 Logsig 型传递函数，最终应用线性函数导出输出变量。

（5）期望误差的选取。在设计网络的训练过程中，期望误差也应通过对比训练后确定一个合适的值，通常较小的期望误差是要靠增加隐层的节点以及训练时间来获得的，可以同时对两个不同期望误差值的网络进行训练，最后通过综合比较来确定。本书网络模型所采取的期望误差为 10^{-3}。

6.4.4　BP 神经网络预测模型的建立

本章采用双隐层的 BP 神经网络，学习和验证样本均来于水厂铁矿边坡变形 GPS 现场实测数据，即水厂铁矿边坡 $G2$、$G3$、$G4$、$G8$、$G9$、$G10$ 六个监测点 15 次监测数据的旬数学插值结果，通过对 198 个计算实例进行学习训练，建立边坡动态变形的非线性学习模型，然后用这个模型对 54 个计算实例进行推广。对训练网络进行验证测试，评价学习模型的网络性能，最后应用该模型短期预测监测点的变形趋势。水厂铁矿边坡变形非线性预测模型初步学习、验证、预测结果，如图 6-9~图 6-12 所示。

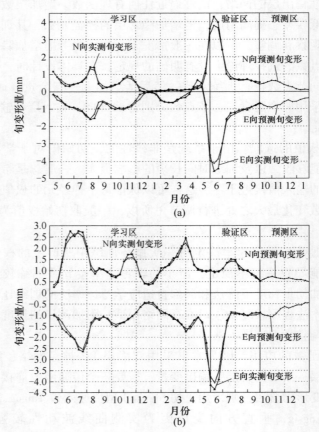

(a)

(b)

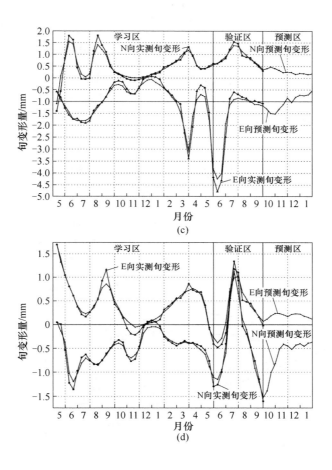

(c)

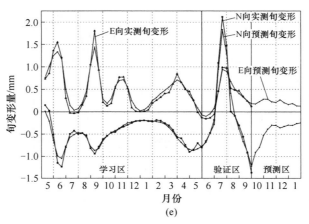

(e)

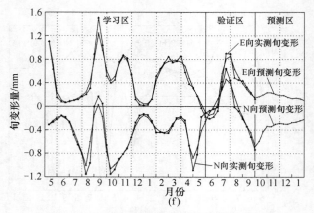

图 6-9 监测点变形实测与预测曲线对比图

（a）$G2$ 水平变形；（b）$G3$ 水平变形；（c）$G4$ 水平变形；（d）$G8$ 水平变形；（e）$G9$ 水平变形；（f）$G10$ 水平变形

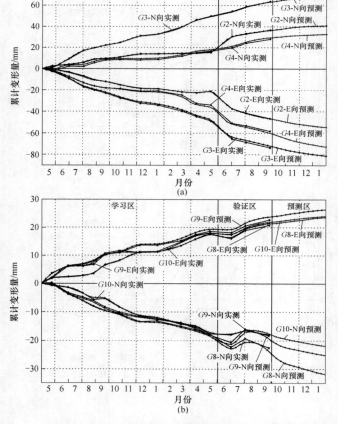

图 6-10 监测点累计水平变形实测与预测曲线对比图

（a）$G2$、$G3$、$G4$ 累计水平变形；（b）$G8$、$G9$、$G10$ 累计水平变形

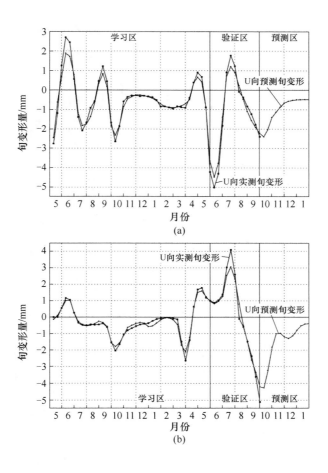

(a)

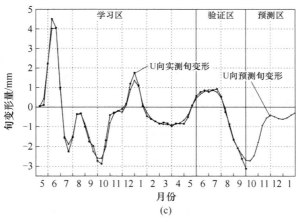

(b)

(c)

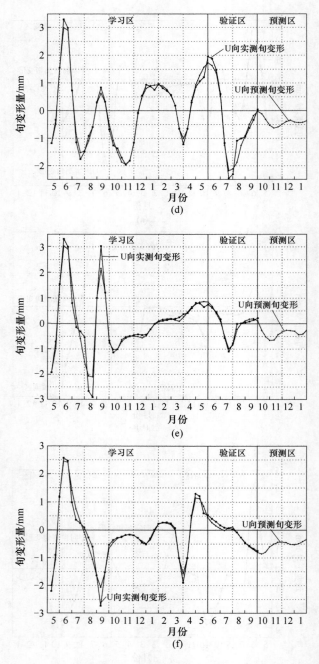

图 6-11 监测点垂直变形实测与预测曲线对比图

(a) G2 垂直变形；(b) G3 垂直变形；(c) G4 垂直变形；

(d) G8 垂直变形；(e) G9 垂直变形；(f) G10 垂直变形

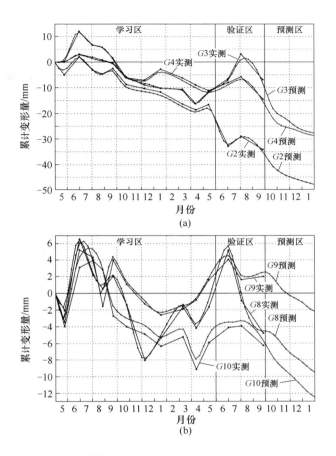

图 6-12 监测点累计垂直变形实测与预测曲线对比图

（a）$G2$、$G3$、$G4$ 累计垂直变形；（b）$G8$、$G9$、$G10$ 累计垂直变形

6.4.5 预测结果及分析

从预测结果可以看出，北区采场 17 号~25 号勘探线附近边坡变形趋势稳定，变形缓慢，短期内不会发生大幅度变形破坏。通过学习可知，运用该非线性 BP 神经网络预测模型模拟计算边坡变形位移较符合变形的整体趋势，由于采用旬数学插值变形量，增加了学习样本，使精度和可靠性进一步提高。高程方面因在原始测量过程中除了 GPS 测量误差，还有人为天线高测量误差，预测精度相对较低，这就要求在原始测量过程中尽量降低人为测量误差，提高天线高测量的整体精度。

7　降雨入渗对潜在滑坡区域的稳定性影响研究

7.1　降雨入渗的基本原理

许多研究表明，岩土体边坡失稳大多出现在雨季或暴雨之后，可见降雨入渗及地下水对边坡的稳定性影响巨大。降雨入渗会导致边坡非饱和区域水压力暂时升高，甚至使非饱和区转变为暂态饱和区，而暂态附加水荷载比常态水荷载大，常成为边坡失稳的主要诱导因素。然而，以往的研究多侧重于考虑饱和地下水对边坡稳定的影响，随着孔隙介质非饱和渗流理论的发展，人们越来越清楚地认识到雨季的岩土体边坡滑坡、泥石流等地质灾害与岩土体非饱和渗流密切相关，即降雨入渗等会导致地下水位以上非饱和区孔隙水压力升高，渗流场发生暂态变化，产生附加的水荷载，同时降低岩土体的力学强度指标。

7.1.1　降雨入渗的影响及模拟

对于岩土体边坡，长时间高强度降雨会使原地下水位以上区域出现暂态饱和区，相应的区域会出现暂态孔隙水压力升高的情况，则边坡非饱和区的含水量增高，基质吸力和抗剪强度降低，出现暂态水压力。可以认为，降雨入渗所导致的非饱和区基质吸力降低对边坡稳定性影响最大，其次是暂态水压力升高。

水以降雨的形式施加在岩土体表面时，会入渗到土体中，这种水分通过非饱和带（或包气带）进入土体中的过程称为入渗。降雨入渗是地下水随时间和空间变化的非饱和-饱和运动过程，是在岩土体包气带中运移的两相流过程，其强度主要取决于降雨方式、强度以及岩土体渗水性能。如果岩土体渗水性能较强，大于外界降水强度，则入渗强度主要取决于外界降水强度，入渗过程中土壤表面含水量随着入渗而逐渐提高，直至达到某一稳定高度。如果降雨强度较大，超过了岩土体的入渗性能，将在表面产生径流或积水，在岩土体内部形成不断扩大的饱和区，此时岩土体中水分运动为饱和-非饱和流动。如图 7-1 所示，一般降雨过程可分为两个阶段：开始时地表水力传导率较大，同时其含水率梯度很大，入渗率也很高，一般大于降雨强度，这一阶段是通量控制阶段，属于无压入渗或自由入渗；随着入渗的进行，含水率梯度不断减小，入渗率也不断降低。当其小于降雨强度时，开始形成地表径流或积水，转为剖面控制阶段，为有压入渗。因此，实际的入渗量一般取决于土体的初始含水率、降雨强度和持时以及表面径流量。当出现积水入渗时，典型含水率分布剖面可分为 4 个区：饱和区、过渡区、传导区、湿润区。湿润区的前缘称为湿润锋，如图 7-2 给出了某典型的积水入渗时岩土体剖面含水率的分布图。

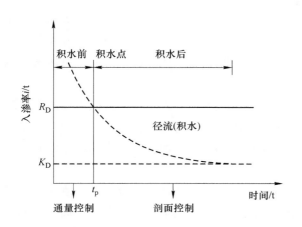

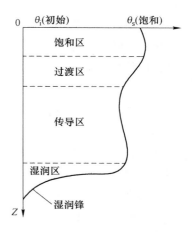

图 7-1 入渗率曲线与稳定降雨强度下的入渗过程　　图 7-2 积水入渗时含水率分布

在处理降雨流量边界时，可将分布在单元面上的流量转化为节点入渗流量，则入渗流量列阵可按式（7-1）计算，即

$$\{R\}_t^e = \int_s q_s(t)\{N\}^e d_s \tag{7-1}$$

式中，s 为接受降雨入渗的单元面；$\{R\}_t^e$ 为 t 时刻的单元入渗流量列阵；$\{N\}^e$ 为形函数列阵。

实际入渗量 $q_s(t)$ 是随着降雨强度和降雨持时变化的。假设某时刻降雨强度为 $\varepsilon_r(t)$，则 $\varepsilon_r(t)$ 在坡面法线上的分量为：

$$q_n(t) = \varepsilon_r(t)n_z \tag{7-2}$$

实际降雨入渗量的确定还得计算实际入渗能力。对于单元面上任意一点，其压力水头为：$h = N_i h_i$，所以单元面上任意一点 3 个方向的实际入渗能力为：

$$R_i(t) = k_{ij}k_r(h)\frac{\partial N_i h_i}{\partial x_j} + k_{i3}k_r(h) \tag{7-3}$$

坡面法向上的入渗能力可按式（7-4）计算，即：

$$R(t) = R_i(t)n_i \tag{7-4}$$

降雨强度与实际入渗流量的关系为：

$$\begin{cases} R_n(t) \geqslant q_n(t) & q_s(t) = q_n(t) \\ R_n(t) < q_n(t) & q_s(t) = R_n(t) \end{cases} \tag{7-5}$$

根据式（7-5）比较 $q_n(t)$ 与 $R(t)$，可确定实际入渗流量。

7.1.2   降雨入渗特征

降雨时，随着降雨积水的形成，孔隙水压力快速增长，并达到最大值。降雨停止后，随着裂隙中地下水流的运动，会在裂隙中产生一定的负压，并在某一时刻，达到最大值，之后负压值开始减小，裂隙中的压力恢复到初始未降雨时的状况。

此外，从降雨过程来看，开始时由于裂隙处于干燥状态，裂隙表面因介质不同其吸附水的能力有所不同，介质表面吸附水的能力越大，则裂隙中的初始负压也越大；当裂隙表面湿润后，裂隙中正压值将有所增加，裂隙中的负压值则恰好相反。

研究表明，三峡船闸边坡岩体在经过连续 3h 的暴雨作用，即可使非饱和区消失，整个边坡处于完全饱和状态，渗透压力场迅速增大，从而对边坡岩体的稳定性构成威胁。当考虑强降雨的瞬态入渗过程时，在一定的降雨强度和历时条件下，高边坡的弱风化带下部及相邻的微新岩体上部，甚至包括全强风化带的下部和整个弱风化带都有可能达到饱和。

裂隙在非饱和状态下的水力特性与饱和状态下的水力特性大不相同。饱和状态下裂隙孔隙水压力大于零，绝大部分水流按立方定理分部在大的隙宽区。但在非饱和状态下，裂隙内的孔隙压力为负值，绝大部分水流分布在隙宽较小的范围内，大隙宽区因其毛细管吸力较小而不能持水。

非饱和状态裂隙的渗透系数是与岩体裂隙饱水度 S 有关的变量。按毛细管理论，孔隙压力水头 h_c 与隙宽 b 成反比，即：

$$h_c = \frac{2T}{\gamma_w b} \tag{7-6}$$

式中，T 为水的表面张力；γ_w 为水的重度。

不同分维数 D 的裂隙面，其裂隙饱水度 S 与负孔隙压力水头 h_c 的关系如图 7-3 所示。其非饱和渗透系数 k_u 与负孔隙压力水头 h_c 的关系如图 7-4 所示。由图 7-4 可知，随着负孔隙水压力 h_c 的增大，非饱和渗透系数 k_u 减小，当孔隙水压力增大到接近某一临界值时，非饱和渗透系数 k_u 骤然减小。这一现象可解释为当饱水度较小时，一些持水区将成为孤立的小岛而使水不能流通。所以，对于降雨在边坡产生的渗流场，需要考虑的主要是饱和区。

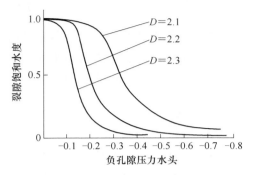

图 7-3 裂隙饱水度 S 与负孔隙
压力水头 h_c 关系曲线

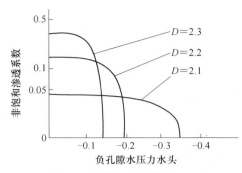

图 7-4 非饱和渗透系数 k_u 与
负孔隙压力水头 h_c 的关系

7.1.3 饱和-非饱和渗流模型

　　非饱和介质的抗剪强度随着介质饱和度的变化而发生改变，而且这种变化是很敏感的，不同地区的岩土工程师也积累了一些适合当地条件的经验关系式。在 20 世纪 60 年代早期，Lumb 率先研究了香港地区降雨滑坡的关系，并采用简化的一维垂直入渗模型，根据抗剪强度和饱和度的经验关系，研究了地质条件和降雨对斜坡稳定性的影响。但是这种关系式一般适用于以饱和度或体积含水量作因变量进行渗流分析，并用总应力法进行土坡稳定性分析的情况。但土力学中通常取净法向应力（$\sigma - u_a$）和基质吸力（$u_a - u_w$）作为独立的应力状态变量，要求抗剪强度也应表示为这两个应力状态变量的函数。为此，Fredlund 提出扩展的莫尔-库仑公式来表示非饱和土的抗剪强度，即

$$\tau_f = c' + (\sigma - u_a)\tan\varphi' + (u_a - u_w)\tan\varphi^b \tag{7-7}$$

式中，c' 为有效黏聚力，即净法向应力（$\sigma - u_a$）和基质吸力（$u_a - u_w$）均为零时，莫尔-库仑破坏包线的延伸与剪应力轴的截距；φ' 为与净法向应力分量（$\sigma - u_a$）有关的内摩擦角；φ^b 为抗剪强度随基质吸力（$u_a - u_w$）而变化的内摩擦角；σ 为破坏时在破坏面上的法向总应力；u_a 为破坏时在破坏面上的孔隙气压力；（$\sigma - u_a$）为破坏时在破坏面上的净法向应力状态；（$u_a - u_w$）为破坏面上的基质吸力。

　　通常情况下，边坡岩土体处于非饱和状态，基质吸力较高。降雨时，由于雨水入渗使岩土体接近饱和，孔隙水压力 u_w 接近孔隙气压力 u_a，基质吸力（$u_a - u_w$）趋于 0，岩土体的抗剪强度也随之下降。即边坡岩土体在雨季或由于降雨导致其抗剪强度下降，而诱发边坡岩体产生变形破坏。

　　Darcy 定律是多孔介质中流体流动所应满足的运动方程。质量守恒是物质运动和变化普遍遵循的定律，将质量守恒定律应用于多孔介质中的流体运动即为连续方程。Darcy 定律和连续方程相结合便得出了描述土壤水分运动的基本方程，即

$$\frac{\partial}{\partial x}\left[k_{wx}(\theta_w)\frac{\partial h_w}{\partial x}\right] + \frac{\partial}{\partial y}\left[k_{wy}(\theta_w)\frac{\partial h_w}{\partial y}\right] = \frac{\partial \theta_w}{\partial t} \tag{7-8}$$

假设土骨架不变形，水为不可压缩流体，那么任意取流场中的 1 个单元进行分析。根据能量守恒原理，在非饱和土二维非稳定流情况下，流入流出单元的水量变化等于该单元内水量随时间的变化率，由此可推导出饱和-非饱和渗流的基本微分方程，即

$$\frac{\partial}{\partial x}\left(k_{wx}\frac{\partial h_w}{\partial x}\right) + \frac{\partial}{\partial y}\left(k_{wy}\frac{\partial h_w}{\partial y}\right) = \rho_w g m_w \frac{\partial h}{\partial t} \tag{7-9}$$

式中，ρ_w 为水的密度；k_{wx}，k_{wy} 分别为非饱和土在 x 和 y 方向上的渗透系数；h_w 为总水头，等于压力水头和位置水头之和；m_w 为与基质吸力 $(u_a - u_w)$ 变化有关水的体积变化系数，即土-水特征曲线斜率的表达形式为：

$$m_w = \frac{\partial \theta_w}{\partial(u_a - u_w)} \tag{7-10}$$

式中，θ_w 为非饱和土的体积含水量。当土体饱和时，土-水特征曲线变化很平缓，m_w 近似为 0。

边界条件为：

（1）水头边界：

$$k\frac{\partial h}{\partial n}\bigg|_{\Gamma_1} = h(x, y, t) \tag{7-11}$$

（2）流量边界：

$$k\frac{\partial h}{\partial n}\bigg|_{\Gamma_2} = q(x, y, t) \tag{7-12}$$

7.1.4　降雨入渗及地下水影响边坡稳定的机理分析

边坡失稳是道路、矿山等常见的多发性地质灾害，降雨入渗及地下水的存在与变化往往是形成崩塌、滑坡等边坡失稳的主要原因。有学者指出 95% 以上的滑坡与地下水的作用直接相关，其中相当部分发生在雨季，直接起因是由于雨水入渗到边坡内，形成暂态渗流荷载增量。但是，如何认识降雨对边坡的不利作用至今还缺少系统的、深入的研究。根据目前的主要研究成果，降雨对边坡的影响机理主要有以下几点：

（1）降雨入渗对边坡的直接影响是使得边坡岩土体中（特别是上部土壤层）基质吸力降低，从而导致岩土体抗剪强度降低。基质吸力的降低使得原来非饱和岩土层在竖向发生膨胀；同时，当有侧向力约束时，非饱和岩土吸水后的膨胀趋势一般以膨胀力的形式表现出来，膨胀力的形成将导致边坡岩土体中水平向应力的增加。由此可见，降雨入渗引起的岩土体基质吸力降低和内应力比的增加是降雨入渗触发边坡失稳的重要原因。

（2）降雨对地下水的补给一方面可以导致坡体的静水压力和动水压力增加，当降雨入渗至基岩风化面处停滞下来，浸泡软化而形成软弱滑动面，将促使和加速滑坡体的滑动。另一方面，降雨渗入地下形成向上的浮力，减弱了潜滑体自重作用在滑动面上的正压力。

（3）当边坡岩体裂隙发育时，降雨通过裂隙网络入渗补给地下水极为有利，且地下水会以裂隙水存在于岩体裂隙网络中，增加了滑坡体的侧向水压力，并加速了岩体的风化，诱发边坡失稳，还可以引起地下水位上升或在相对隔水层（弱透水层）以上出现暂时饱和区。因此，当连续降雨超过某种强度时，边坡易发生滑坡。另外，自然条件下，边坡体内地下水位以上的部位，岩土体经常处于干湿交替状态，对其长期的安全性也十分不利。因此，如何降低降雨入渗过程中边坡浅层的水分含量及地下水位，是保证边坡稳定的关键。

本章将以水厂铁矿北区采场某潜在滑坡区为对象，开展降雨入渗对边坡稳定性影响研究。

7.2 拟研究潜在滑坡区边坡现状及模型参数

本章研究的潜在滑坡区域位于北采场下盘+34～+116m 水平、13 号～21 号勘探线之间，整个滑坡体形态呈圆弧状，由西、中、东三个小滑体组成，其中西部滑体位于 13 号～15 号勘探线之间的+92～+56m 水平，已发生滑落，滑坡松散体堆积于+56～+80m 台阶处，+104m、+92m 台阶前缘发现有裂缝。东部滑体位于 17 号～19 号勘探线之间的+56～+104m 水平，变形破坏十分严重，特别是+80～+104m 水平形成高近 20m，宽约 50m 的悬壁，滑坡松散体堆积于+34～+80m 台阶处，前缘（+44m 台阶附近）宽约 50m，后缘（+104m 台阶）宽约 50m。中部滑坡体位于 15 号～17 号勘探线之间，虽然台阶保持完整，未发生台阶滑落，但已在+104m、+92m 台阶前缘发育数十条裂缝，局部台阶已垮落。

北区采场下盘风化火山熔岩和软弱夹层见图 7-5、图 7-6。

图 7-5　北区采场下盘风化火山熔岩　　　图 7-6　北区采场下盘软弱夹层

　　水厂铁矿开采范围较大，整个采场在环线方向的变形很小，可以忽略不计，因此采用平面应变模型假设，即垂直计算剖面方向的变形为零。根据地质条件和以前出现滑坡及预测滑坡的部位，选择Ⅱ区中Ⅱ-1 剖面图（见图 7-7）建立边坡模型，进行降雨入渗数值模拟研究，相应的岩体力学参数、渗透系数等见第三章。

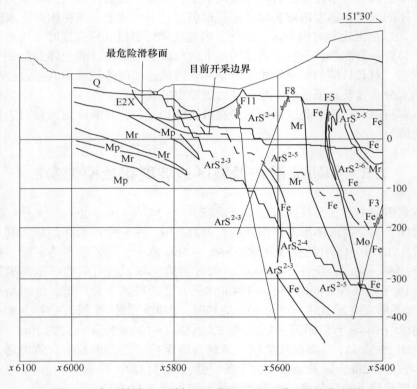

图 7-7　水厂铁矿北区采场Ⅱ-1 剖面工程地质及滑坡位置图

7.3　计算模型建立

7.3.1　GeoStudio 软件简介

　　GeoStudio 是加拿大 GEO-SLOPE 公司开发的一套专业、高效而且功能强大的适用于岩土工程和岩土环境模拟计算的仿真软件。该软件集成了八大功能模块，分别为 SLOPE/W、SEEP/W、SIGMA/W、TEMP/W、QUAKE/W、CTRAN/W、AIR/W 和 VADOSE/W。其各自功能分别对应为边坡稳定性分析、地下水渗流分析、岩土应力变形分析、地热分析、地震响应分析、地下水污染物传输分析、空气流动分析、综合渗流蒸发区和土壤表层分析等，同时在使用过程中各大功能模块之间可以相互耦合。例如：在进行边坡稳定性分析时，可通过设置不同的分析方法来与岩土应力变形分析模块进行耦合分析。

7.3.2 计算模型

根据Ⅱ-1剖面地质图，建立边坡初始数学模型（见图7-8）。模型范围600m×450m，节点数2001，单元数3886，经过5步开挖，生成当前状态下边坡的计算模型，其单元2275个，节点1205个，网格划分如图7-9所示。

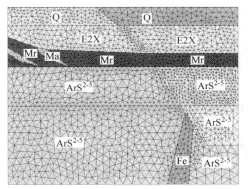 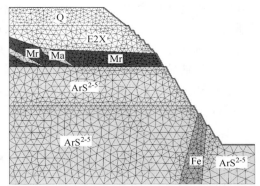

图 7-8　初始数学模型　　　　　图 7-9　当前状态边坡计算模型

7.3.3 边界条件

在对瞬态渗流问题进行模拟时，假设边坡表面为降雨区域，通过定义边界函数条件来实现降雨过程的模拟。本次计算中，通过设计坡面的节点流量随时间的变化函数来模拟降雨过程，在模型的左右两端设计水头边界条件，底端设置为不透水的边界条件，总流量为零。边界条件如下：

（1）根据工程地质条件可知潜在滑坡区域有地下水，因此左右两端的水头边界条件为 $H(t) = 70\text{m}$。

（2）坡面水平面的边界条件为 q（降雨强度值），斜坡坡面的边界条件为 $q\cos\alpha$（α 为坡角）。

7.3.4 岩土体的水力参数

基质吸力直接影响着非饱和岩土的力学性质，是控制非饱和岩土体抗剪强度的关键指标。非饱和岩土体土-水特征曲线（SWCC）是岩土体含水量（重力含水量、体积含水量、饱和度）与吸力（基质吸力、总吸力）的关系曲线。根据压水试验和注水试验以及前人所做的有关渗透性的资料，确定边坡岩土体的渗透性参数。在众多的土-水特征曲线估计的数学模型中，VG 模型与实测数据线型比较相近，而且参数意义明确，应用较为广泛。VG 模型是 Van Genuchten 在 1980 年根据其测出的土-水特征曲线提出的简化的 S 形曲线模型。

$$\theta_w = \theta_r + \frac{\theta_s - \theta_r}{\left[1 + \left(\dfrac{\psi}{\alpha}\right)^n\right]^m} \tag{7-13}$$

$$k_w = \frac{k_s\left[1 - (ah_w^{n-1}(1 + ah_w)^n)^{-m}\right]^2}{(1 + ah_w)^{mn/2}} \tag{7-14}$$

式中，θ_w 为体积含水率；θ_s 为饱和含水率；θ_r 为残余含水率；$\psi = (u_a - u_w)$ 为基质吸力，u_a 为孔隙气压力，u_w 为孔隙水压力；k_s 为饱和渗透系数；h_w 为压力水头；a，m 和 n 分别为非线性回归系数，其中，$m = 1 - 1/n$。

水厂铁矿边坡非饱和区水力学特性通过室内试验确定，由室内压水试验和注水试验可知：第四系堆积土、火山熔岩、混合花岗岩渗透系数分别为 $1 \times 10^{-5} \text{m/s}$、$5 \times 10^{-7} \text{m/s}$、$4 \times 10^{-7} \text{m/s}$，土水特征曲线和渗透系数曲线如图 7-10 ~ 图 7-15 所示。

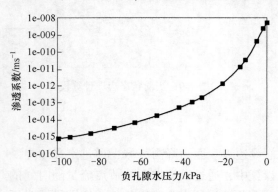

图 7-10　Q 第四系渗透系数曲线

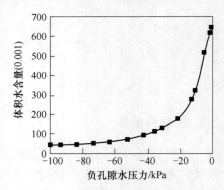

图 7-11　Q 第四系土水特征曲线

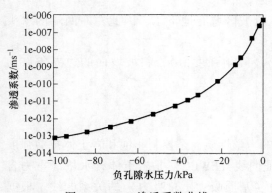

图 7-12　E_2X 渗透系数曲线

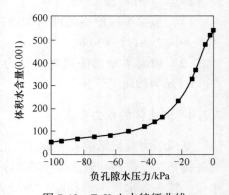

图 7-13　E_2X 土水特征曲线

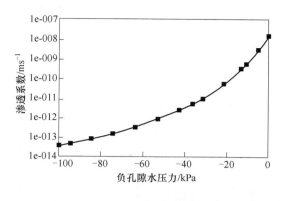

图 7-14 Mr 花岗岩渗透系数曲线   图 7-15 Mr 花岗岩土水特征曲线

7.3.5 边坡降雨因素分析

降雨对边坡的影响,主要与降雨强度和降雨持时有关,因此为了分析降雨入渗作用下边坡内渗流场的变化对边坡稳定性的影响,初步拟定两套方案进行模拟分析:(1)等强度降雨,不同持续时间;(2)不同降雨强度、相同降雨持时。本章中所设置的降雨强度是参考我国气象部门规定的降雨量标准(见表 7-1)而得出的。

表 7-2 是本次模拟中不同降雨强度下降雨持续时间为 1d 的降雨量设置方案。表 7-3 是降雨强度保持不变,降雨量随着降雨持时变化的设置方案。

表 7-1 各类雨的降雨量标准

24h 雨量（mm）	<0.1	0.1~10	10~25	25~50	50~100	100~250	>250
等级	微量	小雨	中雨	大雨	暴雨	大暴雨	特大暴雨

表 7-2 不同降雨强度方案设置

降雨等级	雨强/mm·d^{-1}	降雨持时/d	降雨量/mm
中雨	20	1	20
大雨	40	1	40
暴雨	80	1	80
大暴雨	160	1	160
特大暴雨	400	1	400

表 7-3　降雨持时影响方案设置

分类	降雨强度/mm · d⁻¹	降雨持时/d	降雨量/mm
相同降雨强度	40	1	40
		3	120
		5	200
	80	1	80
		3	240
		5	400

7.4　降雨入渗条件下数值分析

　　为了更清楚地看到边坡在降雨作用下的变化，对Ⅱ-1剖面潜在滑坡体局部放大5倍，放大区域如图7-16所示，图中各节点代表坡面自上而下每个平台坡脚和坡肩位置。

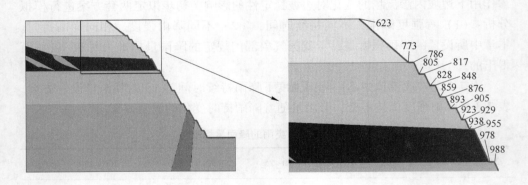

图 7-16　潜在滑坡区域局部放大

7.4.1　渗流场变化模拟分析

　　（1）降雨持时的影响。考虑降雨持时对边坡坡体内孔隙水压力分布的影响，在降雨强度（40mm/d和80mm/d）保持不变的情况下，降雨持续时间分别为1d、3d、5d，对边坡孔隙水压力的变化情况进行对比分析，如图7-17所示。

　　图7-17（a）、（c）、（e）分别表示降雨强度为40mm/d，降雨持时为1d、3d、5d时，坡体内孔隙水压力等值线分布图，其最小孔隙水压力分别为-1018.56kPa、-1017.76kPa、-1016.71kPa；图7-17（b）、（d）、（f）分别表示降雨强度为80mm/d，降雨持时为1d、3d、5d时，坡体内孔隙水压力等值线分布

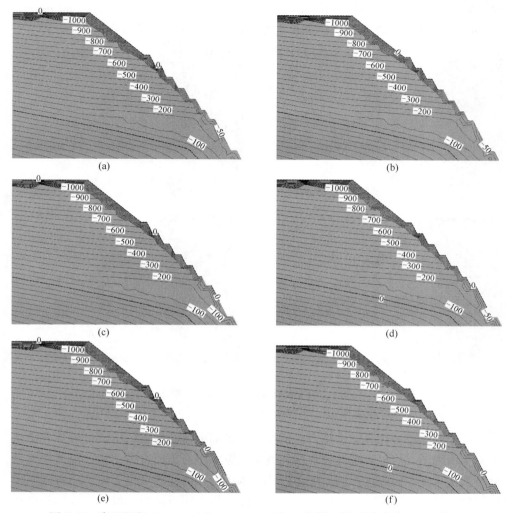

图 7-17　降雨强度（40mm/d 和 80mm/d）下，不同降雨持时孔隙水压力变化图

(a) 40mm/d（1d）；(b) 80mm/d（1d）；(c) 40mm/d（3d）；

(d) 80mm/d（3d）；(e) 40mm/d（5d）；(f) 80mm/d（5d）

图，其最小孔隙水压力分别为 −1018.53kPa、−1017.74kPa、−1016.69kPa。从图 7-17（a）和图 7-17（b）可以看出，在 40mm/d 和 80mm/d 的降雨强度下，仅 1d 时间内坡顶表层均已达到了暂态饱和状态。在 40mm/d 和 80mm/d 降雨强度下，在相同降雨持续时间，边坡孔隙水压力在坡顶处变化不大。在坡面上强度 40mm/d 达到暂态饱和状态的区域，总是少于强度 80mm/d 的饱和状态的区域。而强度一定，随着时间的增加，坡面上达到饱和状态的区域逐渐增加。

（2）相同降雨持时、不同降雨强度的影响。图 7-18（a）表示原始状态坡体内孔隙水压力等值线，图 7-18(b)～(d)表示降雨强度分别为 20 mm/d、80 mm/d、400 mm/d，降雨持时为 1d，坡体内孔隙水压力重新分布等值线图。

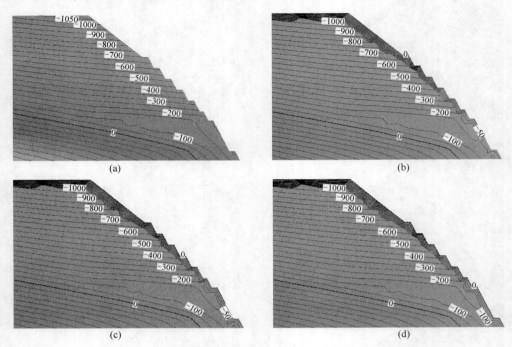

(a)　　　　　　　　　　　　　　　　(b)

(c)　　　　　　　　　　　　　　　　(d)

图 7-18　不同降雨强度在持续时间为 1d 的孔隙水压力变化图
(a) 原始状态；(b) 20mm/d；(c) 80mm/d；(d) 400mm/d

从原始状态坡体孔隙水压力等值线图，到降雨强度为 20 mm/d 的坡体孔隙水压力等值线图，可以发现坡体表层和坡面孔隙水压力迅速发生变化，等值线重新分布。从 3 张不同强度降雨后坡体内孔隙水压力等值线图可以看出，随着降雨强度的增大，坡体表层第四系堆积物的负孔隙水压力相应减小，最终当降雨强度达到一定值时坡顶和斜坡面表层分别达到暂态饱和状态。此时，虽然降雨强度继续增大，坡顶和斜坡面表层的负孔隙水压力变化很小，原因是当降雨强度大于堆积物的入渗能力以后，大于堆积物入渗能力的那部分雨水在坡面上形成径流流走，并不在表面形成积水。坡体内的最小孔隙水压力（基质吸力）从 -1090.37kPa 至 -1018.53kPa，非饱和区基质吸力下降 71.84kPa。

图 7-19 表示从中雨到特大暴雨（降雨强度 20～400mm/d）五种降雨强度作用下，降雨 1d 之内在坡顶坡肩处（节点 623）孔隙水压力随时间的曲线图。从图中可以看出，不同的降雨强度下，坡顶处达到饱和状态所需要的时间不同，强度越大，越容易达到暂态饱和状态，而坡顶处基质吸力随着降雨强度增大而逐渐减小，直至消失。

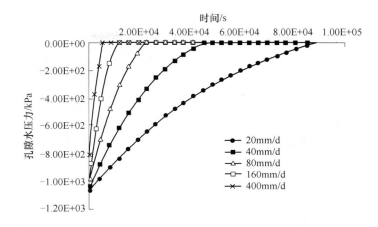

图 7-19　不同降雨强度下坡顶（点 623）处基质吸力与时间的关系

7.4.2　渗流场和应力场耦合分析和评价

应力场计算时采用的地质模型与计算渗流场时所使用的模型相同，利用有限元法对地下水和降雨入渗作用下的边坡应力场的变化规律及特征进行研究。由于潜在滑坡区域主要为第四系松散堆积物，所以应力分析时，不考虑构造应力，坡体应力包括自重应力和地下水动、静水压力。计算软件采用加拿大 GEO-SLOPE 公司开发的 SIGMA/W 有限元应力变形分析模块。对模型的边界条件，边坡两侧垂直边界条件为水平约束，底部为双向固定约束，其他边界条件为自由边界。

（1）降雨强度相同（40mm/d 和 80mm/d）时间不同的剪应力场变化规律。图 7-20 分别为降雨强度为 40mm/d 、80mm/d，降雨持时为 1d、3d、5d 时坡体剪应力等值线图，图 7-21、图 7-22 为降雨强度分别为 40mm/d 、80mm/d 坡面各节点的剪应力随时间的变化规律。

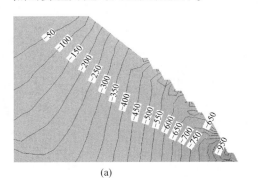

(a)

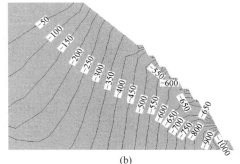

(b)

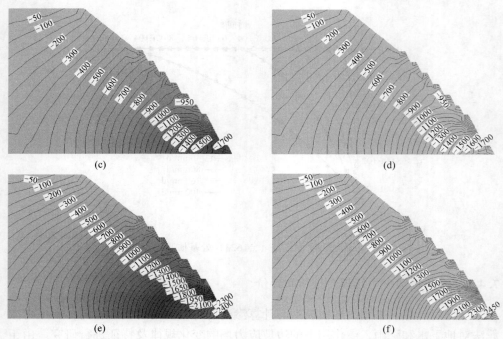

图 7-20　降雨强度相同（40mm/d 和 80mm/d）不同持时的剪应力场分析图

（a）40mm/d（1d）；（b）80mm/d（1d）（c）40mm/d（3d）；

（d）80mm/d（3d）；（e）40mm/d（5d）；（f）80mm/d（5d）

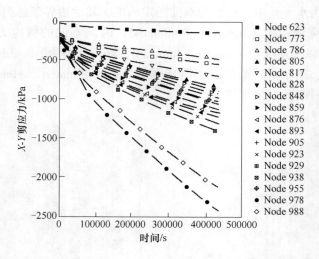

图 7-21　40mm/d 剪应力与时间的关系

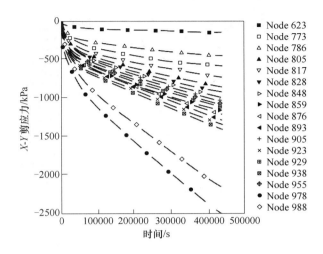

图 7-22　80mm/d 剪应力与时间的关系

从图 7-20 可以看出，在降雨强度相同情况下，随着降雨持续时间的增加，坡体剪应力等势线变得越来越密集，这说明坡体剪应力随着降雨持续时间的增长而逐渐增大。如图 7-21 和图 7-22 所示，经过 5d 降雨之后，降雨强度 40mm/d 和 80mm/d 坡面各节点的剪应力值基本变化不大，因为此时在边坡表层已形成了暂态饱和区，渗透力下降，因此剪应力变化不大。

（2）不同降雨强度持续 1d 最大剪应力场变化规律。图 7-23 分别为不同降雨强度持续 1d 最大剪应力等值线图及坡面上各节点的剪应力与时间关系图。

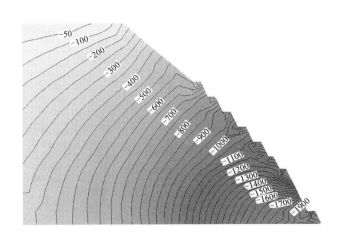

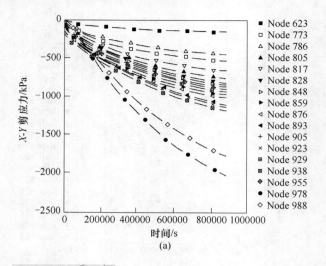

(a)

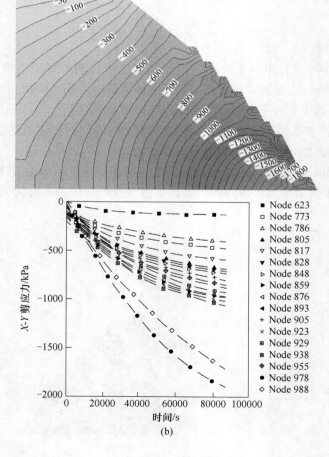

(b)

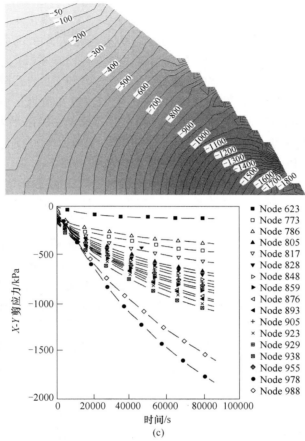

图 7-23 不同降雨强度持续 1d 最大剪应力场分析图

(a) 20mm/d；(b) 80mm/d；(c) 400mm/d

由图 7-23 可知，随着降雨强度的增加，最大剪应力从上向下逐渐增大，容易发生滑坡。另外，坡面台阶坡肩处节点的剪应力总是小于坡脚处节点的剪应力，且剪应力的变化速度也比较快，从而说明了边坡易在坡脚处发生滑坡。对比图 7-21、图 7-22、图 7-23，发现降雨持续 1d 之后边坡坡面的剪应力变化不大，这说明不同的降雨强度在持续一天的降雨之后，在边坡的表层形成暂态饱和区，岩土体的入渗能力降低。

7.4.3 降雨对边坡稳定性的影响分析

由于渗流分析中已经得到边坡内孔隙水压力场，应用 SLOPE/W 软件计算边坡稳定性系数时，可以直接调用 SEEP/W 孔隙水压力计算结果，各土条底面中点处的孔隙水压力可由相应时步、相应单元内的孔隙水压力插值得到，由此就可以得到各土条底面中点的有效应力和基质吸力。在进行稳定性分析时，将边坡各时步渗流计算的孔隙水压力场分别引入 SLOPE/W，计算得出不同方案下各时步边坡安全系数。根据 SLOPE/W 软件的特点和水厂铁矿 Ⅱ-1 剖面边坡的破坏形式，滑移面后缘选取拉裂区域和拉裂缝位置，软件自动搜索最危险的滑移面。

　　降雨入渗条件下数值模拟结果表明，渗流浸润线以上的孔隙水压力为负值（即基质吸力），随着降雨强度和降雨持时的增加，潜在滑坡区含水量增大，孔隙中基质吸力降低。基于基质吸力的滑坡稳定性评价采用极限平衡方法，具体的计算方法有瑞典圆弧法（Ordinary）、Janbu 法、Bishop 法、Spencer 法、Sarma 法、Morgenstem-Price 法等。此处采用瑞典圆弧法、Bishop 法、Janbu 法、Morgenstem-Price 法，评价降雨入渗对边坡稳定性的影响；通过渗流数值模拟，得到的潜在滑坡体中暂态孔隙水压力用于滑坡极限平衡计算，以评价降雨入渗对边坡稳定性的影响。

　　（1）降雨强度影响。由图 7-24 可以看出，随着降雨强度的增大，边坡的安全系数随之改变。在开始阶段，降雨强度小于边坡岩土体的渗透能力，安全系数随降雨强度的增大而降低，而且降幅较大，降雨强度越接近岩土体的渗透能力，边坡的安全系数越小；当降雨强度大于边坡岩土体的入渗能力，超过岩土体入渗能力的那部分雨水将在坡面形成径流流走，此时安全系数反而随着降雨强度的增大而有小幅上升趋势。且经过 1d 的降雨，在边坡坡面附近形成暂态饱和区域，此时坡面的孔隙水压力和坡体内的体积含水量基本稳定，安全系数也趋于稳定。

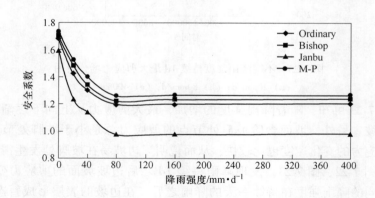

图 7-24　安全系数随降雨强度变化曲线

　　（2）降雨持时影响。如图 7-25 所示，在降雨强度保持不变的情况下，随着降雨持时的增长，边坡的安全系数随之降低。从图中可以看出，安全系数在第一天变化比较快，随后变缓。这是因为，降雨初始阶段，雨水渗入坡体内导致坡体内孔隙水压力大幅度降低，基质吸力随之显著减小，但当边坡土体达到暂态饱和状态，基质吸力降到最小值，随后安全系数变化较小。

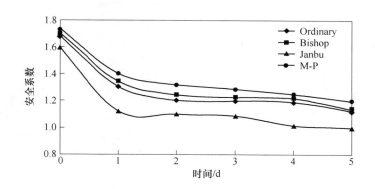

图 7-25 安全系数随降雨持时变化曲线 （40mm/d）

7.5 北区采场Ⅱ-1剖面边坡稳定性数值模拟研究

本章前 4 节所研究的水厂铁矿北区采场Ⅱ-1剖面潜在滑坡体，于 2007 年 8 月 18 日降雨后发生滑坡。本节根据气象部门提供的 2007 年 8 月 18 日水厂铁矿出现滑坡时的实际降雨情况（见图 7-26），结合表 3-1 给出的水厂铁矿北区采场岩体力学参数，对Ⅱ-1剖面边坡进行 24h 连续降雨入渗过程的数值模拟研究。

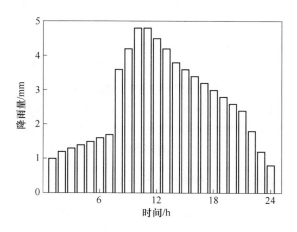

图 7-26 24h 连续降雨过程参数

7.5.1 24h 降雨入渗作用下渗流场变化模拟

2007 年 8 月 18 日，水厂铁矿北区采场 24h 降雨入渗作用下，Ⅱ-1剖面边坡孔隙水压力变化规律，如图 7-27 所示。

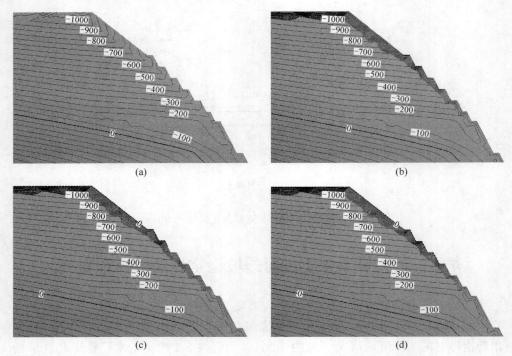

图 7-27　水厂铁矿Ⅱ-1 剖面边坡 24h 降雨孔隙水压力变化规律
(a) 降雨 1h 后；(b) 降雨 8h 后；(c) 降雨 16h 后；(d) 降雨 24h 后

图 7-27（a）～（d）分别为水厂铁矿Ⅱ-1 剖面边坡降雨 1h、8h、16h 和 24h 后孔隙水压力等值线分布图。从图 7-27（a）可以看出，在降雨 1h 后坡体内的孔隙水压力迅速发生变化，在随后的 8h 内，坡顶的孔隙水压力等值线迅速变密，说明降雨迅速渗入边坡中并改变坡体浅层的孔隙水压力（基质吸力）；对比降雨 8h 与 16h 的孔隙水压力，在坡顶和部分坡面上出现孔隙水压力暂态饱和，而坡面下的孔隙水压力等势线的密集程度变化不大；对比降雨 16h 与 24h 的孔隙水压力，坡面上达到暂态饱和状态的位置随降雨持时逐渐扩大。

7.5.2　24h 降雨边坡渗流与应力耦合分析评价

水厂铁矿北区采场Ⅱ-1 剖面边坡 24h 的降雨入渗作用下的边坡剪应力场变化规律，以及剪应力与时间的关系分别如图 7-28 和图 7-29 所示。

如图 7-28 所示，在降雨初期的 1h 之内，剪应力迅速发生变化。随着时间的增加，剪应力逐渐增大，在坡面的台阶处，剪应力变化较快。从图 7-29 可以看出，从坡顶向坡脚各个不同的台阶处，剪应力逐渐增大，而在同一台阶处，坡脚处的剪应力值大于坡肩处的剪应力，这也再次验证了在边坡工程中发生滑坡的地

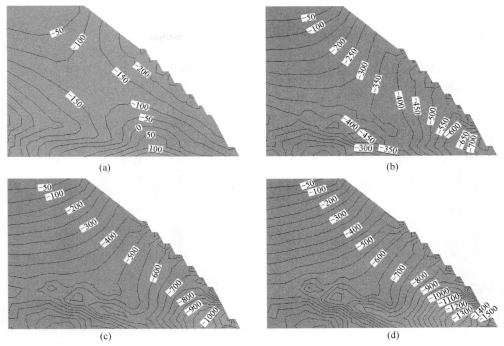

图 7-28 Ⅱ-1 剖面边坡 24h 降雨剪应力变化规律

（a）降雨 1h 后；（b）降雨 8h 后；（c）降雨 16h 后；（d）降雨 24h 后

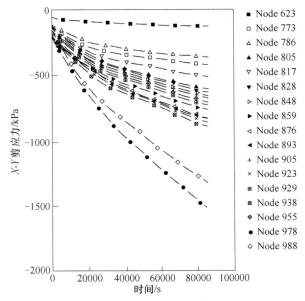

图 7-29 Ⅱ-1 剖面边坡 24h 降雨节点剪应力与时间关系

段绝大多数是在坡脚处。

7.5.3　24h 降雨入渗作用下边坡稳定性分析

图 7-30 和图 7-31 分别给出了水厂铁矿北区采场Ⅱ-1 剖面边坡降雨前和降雨后的边坡稳定性分析结果。

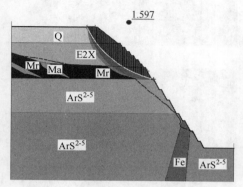
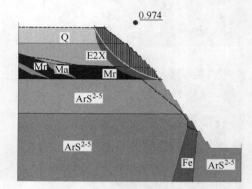

图 7-30　未降雨稳定性分析计算模型　　　图 7-31　降雨 24h 稳定系数计算模型

对比图 7-30 和图 7-31 可知，经过 24h 的持续降雨，边坡最危险滑移面的稳定安全系数（Janbu 法），从在降雨前的 1.597 降为降雨后的 0.974，此时边坡处于不稳定状态，有滑坡的危险。这个结果与 2007 年 8 月 18 日降雨后该区域发生滑坡的结果相一致。

8 基于灰色 Verhulst 理论的改进 "斋藤法" 边坡失稳预报研究

相对于边坡变形的研究，人们更关注边坡会不会失稳？在何处失稳？何时失稳？多年来，边坡失稳预测预报一直是国内外学者关注的话题。特别是进入 20 世纪 80 年代以后，随着现代数理力学的迅速发展，引用相关学科的先进理论和方法来进行滑坡预报的交叉研究与探索，不断引起边坡工程研究者的兴趣。然而，边坡失稳预测预报涉及边坡稳定性研究的许多理论和方法，而且由于水文、地质环境的复杂性以及边坡变形破坏的多样性、随机性和不确定性，要想准确预报边坡失稳的时间是非常困难的。迄今为止，国内外学者在边坡失稳预测预报研究中，尽管进行了许多重要的探索和尝试，但仍没有比较成熟的且能适应各种变形的预报方法和实践经验。

8.1 边坡失稳预测预报的研究内容

如前所述，边坡失稳预测预报的研究内容主要包括：可能发生边坡失稳的地点、滑坡的规模、滑坡体的形态以及发生边坡失稳的时间。

(1) 边坡发生失稳的地点，可根据其地质、地形条件进行判断。当通过专门的工程勘测，对边坡地层的岩性、地质构造、岩体结构特征、结构面与坡面的组合情况以及其他条件查明后，一般可以较准确地预报边坡可能发生滑落的地点。

(2) 滑坡的规模，在未发生滑动以前，可根据专门性的地质勘测手段，查明边坡岩体可能发生滑动的边界条件进行估计。当边坡岩体开始缓慢变形后，可根据地表变形的特点及地表裂缝的发展状况进行预测。

(3) 滑坡体的形态，如果是地质构造简单的单一滑坡，当通过专门勘测确定出滑坡的边界条件和滑坡的性质即可查明。若地质环境复杂，且边坡岩体受众多结构面切割时，可根据赤平极射投影原理找出优势结构面，再根据优势结构面的产状推测滑坡体的形态。

(4) 边坡失稳发生急剧滑动的时间，则较难准确地预报。但滑动时间的预报是边坡失稳预测预报的最主要内容，它不仅关系到滑坡影响地区人民生命财产、设备的安全，而且也影响到滑坡地区的正常生产和国民经济的发展。准确预报边坡失稳发生的时间是边坡研究中一项最具实用意义的课题。

关于边坡失稳的时间预报，就现有的理论和方法可以分为现象预报和位移预报。现象预报是人们对滑坡前兆反映的经验积累的直观预报方法。根据某些自然地质因素的突然改变，诸如，地表裂缝的扩展、地表水漏失、地下水位下降、地音频度增大等滑坡的前兆现象，可大致判断边坡的危险状况和可能破坏的时间。显然，这种方法是不可靠的，它不可能给出滑坡的准确时间。利用这些前兆现象只能告诫人们边坡已处于危险状态，滑坡即将发生。因此，只有从边坡变形破坏的机理入手，才能较为准确地进行时间预报。研究表明，边坡在破坏之前总会产生一定的变形过程，阐明和判定变形的不同阶段的发展趋势是位移预报的基础。

8.2　基于位移监测和蠕变理论的"斋藤法"

斋藤法由日本学者斋藤迪孝于 1968 年提出，他认为边坡从开始变形到最终破坏要经历一定的蠕变过程，如图 8-1 所示，蠕变破坏曲线大体可分为 3 个阶段。

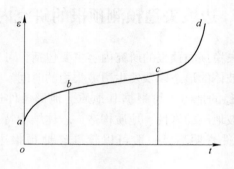

图 8-1　蠕变曲线

第 1 蠕变阶段：即曲线的 ab 段。a 点应变速率最大，随着时间增长达到 b 点时变形速率最小。因此，在本阶段内边坡变形速度开始较快继而逐渐减慢，应变-时间曲线呈下弯型，此阶段又称为初始蠕变阶段。

第 2 蠕变阶段：即曲线的 bc 段。在本阶段内变形速度保持不变直到 c 点，而应变-时间关系曲线呈直线型，由于变形速度基本稳定，此阶段又称为等速蠕变阶段或稳定蠕变阶段。

第 3 蠕变阶段：即曲线的 cd 段。在本阶段内变形速度迅速增加直至破坏，应变-时间关系曲线呈上弯型，此阶段又称为加速蠕变阶段或破坏阶段。

斋藤迪孝认为：第 2 蠕变阶段应变速度和第 3 蠕变阶段应变速率均与破坏时间有一定的关系，因此可根据这两个阶段变形的特点来预报滑坡的时间。

（1）以等速蠕变阶段的变形历时曲线确定破坏时间。斋藤迪孝根据大量室内实验和现场观测资料得知，蠕变破坏时间和等速蠕变状态下的变形速度成反比。如果将蠕变破坏时间和等速蠕变状态下的变形速度点绘制于双对数坐标纸上，则二者呈直线关系。其方程式为：

$$\lg t_r = 2.33 - 0.916 \cdot \lg \dot{\varepsilon} \pm 0.59 \qquad (8\text{-}1)$$

式中，t_r 为蠕变破坏时间；± 0.59 为包括 95% 测定值的范围；$\dot{\varepsilon} = \dfrac{\Delta L}{L}(\Delta T)^{-1}$ 为等速蠕变状态下的变形速率，ΔT 为经历时间，ΔL 为在 ΔT 时间内的移动量，L 为跨距长。

若近似地将斜率 0.916 取为 1，并不计偏差 ± 0.59，则上式可写成：

$$\lg t_r = 2.33 - \lg \dot{\varepsilon}$$

即

$$t_r \cdot \dot{\varepsilon} = 214 \qquad (8\text{-}2)$$

式（8-2）表明，蠕变破坏时间 t_r 与等速蠕变状态下的蠕变速度成反比，且不受岩土性质和边坡状况的影响。即在稳定状态下，蠕变破坏速度越大，那么距边坡破坏的时间越短。

（2）以第 3 蠕变阶段的应变历时曲线确定破坏时间。斋藤迪孝认为：在第 3 蠕变阶段变形速率逐渐增大，但瞬时变形速率与所余破坏时间 $t_r - t$ 仍成反比，如图 8-2 所示。这也就是说距最终破坏时间越短变形速率就越快。

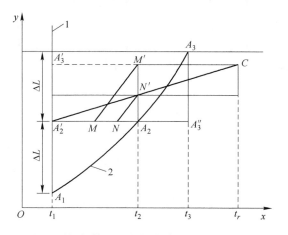

图 8-2 根据第 3 阶段蠕变曲线确定破坏时间

若在第 3 蠕变阶段曲线上取 t_1、t_2 和 t_3 三点的时间间隔内的应变相等，则所

余破坏时间 $t_r - t$ 可由下式表示：

$$t_r - t = \cfrac{\cfrac{1}{2}(t_2 - t_1)^2}{(t_2 - t_1) - \cfrac{1}{2}(t_3 - t_1)} \tag{8-3}$$

由此可见，斋藤模型是以监测曲线和蠕变理论为依据的一种确定性模型。

8.3　改进的"斋藤法"

斋藤法在边坡失稳的时间预报方面有很多成功的例子，但其预报所采用的位移，通常是取自边坡后缘拉裂缝的位移或滑动面的位移。随着科技的发展，大量先进的仪器设备被用于边坡变形的监测，其中不乏昂贵的内置监测仪器。比如，当前很多大型工程都采用 GPS 动态实时监测预警系统监测边坡变形，需要天线内置于每个监测点，虽然这种监测系统能达到很高的精度和实时的监测效果，但伴随边坡破坏失稳，很多监测点遭到破坏，这也使其内置天线无法完整收回，造成经济上的巨大损失。

8.3.1　改进的"斋藤法"曲线及变形阶段

根据现场边坡监测数据（见图 5-9～图 5-16）及经验，可以得出以下规律：在靠近滑坡但未发生滑落的部位，边坡受到一定的外力干扰后开始蠕变，初期变形速率缓慢，至一定的时期后，速度加快，增加至滑坡发生后，受到边坡的制约，该部位的蠕变又逐渐变缓，最后趋于稳定缓慢变形状态。根据这一规律，如图 8-3 所示，笔者提出了改进的"斋藤法"。即将监测点布置于边坡后缘拉裂缝的外侧或稍微远离滑动面的部位，在保证监测点安全的前提下，研究边坡变形至发生失稳的整个过程中监测点位移曲线的变化规律。

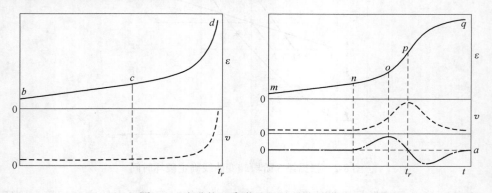

图 8-3　改进的"斋藤法"边坡变形曲线

"斋藤法"预报边坡失稳时间，主要利用了等速蠕变阶段和加速蠕变阶段，所以改进的"斋藤法"只与"斋藤法"后两阶段相对应，如图8-3所示，提出了靠近滑坡后缘但未发生滑落的部位岩体变形四个阶段：

第1阶段：曲线 mn 段。本阶段与斋藤法 bc 段是一致的，即变形-时间关系曲线呈直线，变形速度基本稳定，变形加速度为0，此阶段称为"初始等速变形阶段"；

第2阶段：曲线 no 段。本阶段变形速度迅速增加，变形加速度增大，至 o 点，变形加速度最大，此阶段称为"第Ⅰ加速变形阶段"；

第3阶段：曲线 op 段。本阶段变形速度仍继续增加，但变形加速度逐渐变小，至 p 点滑坡发生，此时，变形速度最大，变形加速度为0，此阶段称为"第Ⅱ加速变形阶段"；

第4阶段：曲线 pq 段。本阶段变形速度逐渐变小回归至等速变形速度阶段，曲线呈下弯型，变形加速度与速度方向相反，其数值先增大，后减小，此阶段称为"减速变形阶段"。

8.3.2 改进的"斋藤法"时间预报模型研究

如图8-3所示，改进的"斋藤法"曲线是一条趋向饱和状态的S形曲线，其形状与德国生物数学家 Verhulst 于1837年建立的 Verhulst 模型相似。Verhulst 模型原用于生物繁殖量随时间发展变化的预测，其基本思想是生物个体数量是呈指数增长的，受周围环境的影响，又称 logistic 曲线。Verhulst 模型的微分方程形式是：

$$\frac{\mathrm{d}x}{\mathrm{d}t} + ax = bx^2 \tag{8-4}$$

式中，x 代表滑坡的位移；a，b 是系数，随不同的滑坡类型和不同的滑坡位移阶段而变化，可用灰色系统原理进行求解。

式（8-4）中左边 $\mathrm{d}x/\mathrm{d}t$ 为位移随时间变化的速率，并且位移速率在初始阶段（x 较小时）随位移的增大而增大。当位移增加到某一量值时，$\mathrm{d}x/\mathrm{d}t$ 达到极大值，随后阶段的位移速率减缓。这与改进的"斋藤法"曲线是一致的。微分方程式（8-4）的解为：

$$
x = \frac{1}{\mathrm{e}^{a(t-t_1)} \left[\dfrac{1}{x_1} - \dfrac{b}{a}(1 - \mathrm{e}^{-a(t-t_1)}) \right]} = \frac{ax_1}{\mathrm{e}^{a(t-t_1)} \left[a - bx_1(1 - \mathrm{e}^{-a(t-t_1)}) \right]}
$$

$$
= \frac{ax_1}{bx_1 + (a - bx_1)\mathrm{e}^{a(t-t_1)}} \tag{8-5}
$$

式中，x_1，t_1 分别为初始位移值及初始时间。对式（8-5）求导，推导出边坡变形的速度为：

$$v = \frac{- a^2 x_1 (a - bx_1) e^{a(t-t_1)}}{[bx_1 + (a - bx_1) e^{a(t-t_1)}]^2} \tag{8-6}$$

对式 (8-6) 再求导, 得出边坡变形的加速度为:

$$v' = \frac{- a^3 x_1 (a - bx_1) e^{a(t-t_1)} \cdot [bx_1 + (a - bx_1) e^{a(t-t_1)}]^2}{[bx_1 + (a - bx_1) e^{a(t-t_1)}]^4} +$$

$$\frac{a^2 x_1 (a - bx_1) e^{a(t-t_1)} \cdot 2[bx_1 + (a - bx_1) e^{a(t-t_1)}] \cdot a(a - bx_1) e^{a(t-t_1)}}{[bx_1 + (a - bx_1) e^{a(t-t_1)}]^4}$$

$$= \frac{a^3 x_1 (a - bx_1) e^{a(t-t_1)} [(a - bx_1) e^{a(t-t_1)} - bx_1]}{[bx_1 + (a - bx_1) e^{a(t-t_1)}]^3} \tag{8-7}$$

根据改进的 "斋藤法", 当变形加速度 $v' = 0$ 的时候, 边坡变形速度 v 最大, 这个时间也应该是滑坡发生的时间。由 $v' = 0$, 得

$$(a - bx_1) e^{a(t-t_1)} - bx_1 = 0 \tag{8-8}$$

则滑坡发生时间的预测值 t_r 为:

$$t_r = \frac{1}{a} \ln\left(\frac{bx_1}{a - bx_1}\right) + t_1 \tag{8-9}$$

如果滑坡位移观测数据的时间间隔为 Δt, 则预测值可写成:

$$t_r = \frac{\Delta t}{a} \ln\left(\frac{bx_1}{a - bx_1}\right) + t_1 \tag{8-10}$$

这与晏同珍推导的滑坡预报时间基本是一致的。

8.4 基于位移信息的 Verhulst 灰色模型

灰色系统理论由邓聚龙于 20 世纪 80 年代初提出, 现已被广泛应用于工程控制、经济管理、社会系统、生态、农业、气象等许多领域。灰色系统理论模型与其他预测模型 (诸如回归分析、时间序列分析等) 的重要区别在于: 前者建立的是连续的微分方程模型, 而后者建立离散的递推模型。在处理问题的方法上, 灰色模型则按照累加生成数的指数增长规律, 从而可能对其变化过程作较长时间的描述, 因而也就有可能建立微分方程型模型。而后者多基于概率统计的随机过程, 是按统计规律、按先验概率来处理问题的, 而且这种处理方法是建立在大量样本的基础上的, 要求的数据越多越好。灰色模型则无这种大样本量的要求。

8.4.1 加生成 (AGO)

如果有一原始数据列, 第一个数据不变, 第二个数是原始数的第一个加第二个, 第三个是第一个、第二个与第三个数相加之和……, 这样得到的新数列, 称

为累加生成数列，这种处理方式称为累加生成（Accumulated Generation Operation），则相应生成的数据可淡化随机因素对原始数据的影响。设原始数据列（等时间距＝Δt）为：

$$X^{(0)} = (x^{(0)}(1), x^{(0)}(2), \cdots, x^{(0)}(n)) \tag{8-11}$$

则其累加生成数据列为：

$$X^{(1)} = (x^{(1)}(1), x^{(1)}(2), \cdots, x^{(1)}(n)) \tag{8-12}$$

式中，$x^{(1)}(k) = \sum_{i=1}^{k} x^{(0)}(i)$，$k = 1, 2, \cdots, n$。

8.4.2 Verhulst 灰色模型

Verhulst 灰色模型为非线性灰色建模，且将其作为逆过程的一种研究，设 $Z^{(1)}$ 为 $X^{(1)}$ 的紧邻均值生成序列：

$$Z^{(1)} = (z^{(1)}(2), z^{(1)}(3), \cdots, z^{(1)}(n)) \tag{8-13}$$

式中，$z^{(1)}(k) = 0.5(x^{(1)}(k) + x^{(1)}(k-1))$，$k = 2, 3, \cdots, n$。则称

$$x^{(0)}(k) + az^{(1)}(k) = b(z^{(1)}(k))^2 \tag{8-14}$$

为 Verhulst 灰色模型。

8.4.3 系数 a, b 的灰色求解

式（7-14）中，$\hat{a} = [a, b]^T$ 为 GM（1, 1）幂模型 $x^{(0)}(k) + az^{(1)}(k) = b$ 的参数列，其满足最小二乘估计：

$$\hat{a} = (B^T B)^{-1} B^T Y \tag{8-15}$$

式中

$$B = \begin{bmatrix} -z^{(1)}(2) & (z^{(1)}(2))^2 \\ -z^{(1)}(3) & (z^{(1)}(3))^2 \\ \vdots & \vdots \\ -z^{(1)}(n) & (z^{(1)}(n))^2 \end{bmatrix}, \qquad Y = \begin{bmatrix} x^{(0)}(2) \\ x^{(0)}(3) \\ \vdots \\ x^{(0)}(n) \end{bmatrix} \tag{8-16}$$

则，由 Verhulst 灰色模型推导的变形位移、速度、加速度和滑坡预测时间公式为：

$$\begin{cases} x^{(1)}(t) = \dfrac{ax^{(1)}(1)}{bx^{(1)}(1) + (a - bx^{(1)}(1))e^{a(t-t_1)}} \\[3mm] v = \dfrac{-a^2 x^{(1)}(1)(a - bx^{(1)}(1))e^{a(t-t_1)}}{[bx^{(1)}(1) + (a - bx^{(1)}(1))e^{a(t-t_1)}]^2} \\[3mm] v' = \dfrac{a^3 x^{(1)}(1)(a - bx^{(1)}(1))e^{a(t-t_1)}[(a - bx^{(1)}(1))e^{a(t-t_1)} - bx^{(1)}(1)]}{[bx^{(1)}(1) + (a - bx^{(1)}(1))e^{a(t-t_1)}]^3} \\[3mm] t_r = \dfrac{\Delta t}{a}\ln\left[\dfrac{bx^{(1)}(1)}{a - bx^{(1)}(1)}\right] + t_1 \end{cases}$$

8.5 水厂铁矿北区采场上盘边坡失稳预测预报的研究

8.5.1 监测点的布设

2004 年 9 月 7 日，水厂铁矿在例行边坡调查中于北区采场上盘 68m 台阶发现细微裂缝，现场工程师对此极为重视，随即对所在区域进行了细致调查，确定了潜在的滑坡区域。在笔者建议下，2004 年 9 月 20 日于潜在滑坡部位上下三个台阶布设 8 个监测点，加上原有的靠近该滑坡体的 $G4$ 监测点，共同监测边坡变形的运动状况。如图 8-4 所示，$H5$、$H6$、$H7$、$H8$ 位于滑坡体上，随边坡失稳的发生，这 4 个监测点最终均发生破坏，而 $G4$、$H1$、$H2$、$H3$、$H4$ 位于滑坡体裂缝的后缘，除 $H3$ 最终在滑坡发生两个月后发生破坏，其余 4 个监测点均未损坏。

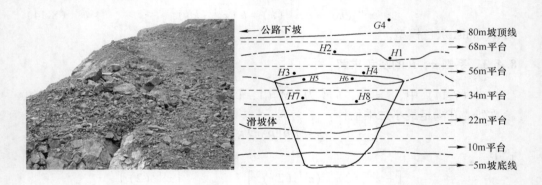

图 8-4 滑坡体区域及监测点示意图

8.5.2 监测方式与周期

每次监测时先由 GPS 基准点定位 $G4$ 和 $H1$ 点，再于 $H1$ 点设置全站仪（TOPCON GTS-702 AF712）确定其他监测点的坐标，进而求得各监测点的变形，换算其变形速度。

开始时边坡变形缓慢，随 GPS 控制网每期监测一次，即监测周期为平均每月一次，随着变形速度缓慢增加，逐渐缩短监测周期。2005 年 3 月初，监测结果较前次变化很大（因春节假期，两期监测间隔时间较长），随即缩短监测周期为每 5d 监测一次，至滑坡于 2005 年 3 月 26 日晚发生。监测时间如表 8-1 所示。滑坡发生后，又随 GPS 控制网每期监测首尾各一次至 5 月中旬。

表 8-1 水厂铁矿北区采场上盘边坡失稳监测时间

日期／年	2004			2005											
日／月	1/9	4/10	2/12	9/1	17/1	3/3	8/3	13/3	18/3	23/3	27/3	7/4	5/4	8/5	6/5
间隔时间/d	0	33	39	38	8	45	5	5	5	5	4	11	8	23	8
累计时间/d	0	33	72	110	118	163	168	173	178	183	187	198	206	229	237

8.5.3 监测结果及边坡失稳发展阶段

本次监测以 2004 年 9 月 21 日所测坐标为监测起算坐标，其中，$G4$、$H1$、$H2$、$H3$、$H4$ 在监测期内未发生破坏监测点，垂直方向的位移远小于水平方向的位移，所以在变形监测曲线中只考虑水平变形。而 $H5$、$H6$、$H7$、$H8$ 随边坡失稳发生破坏的监测点，其位移采用水平和垂直合成位移，累计变形结果如图 8-5 所示。

水厂铁矿北区采场上盘边坡变形失稳的发展过程和改进的"斋藤法"相对应，可分为四个阶段：

（1）初始等速变形阶段：2004 年 9~12 月初，边坡变形缓慢，滑坡后缘及测边出现拉裂缝。

（2）第 I 加速变形阶段：2004 年 12 月初至 2005 年 3 月上旬，变形速率增大。

（3）第 II 加速变形阶段：2005 年 3 月上旬到 3 月下旬，变形速率继续增大，至 3 月 26 日晚滑坡发生。

（4）减速变形阶段：2005 年 3 月底至 5 月中旬，靠近滑坡但未发生滑落的部位，变形速度逐渐变小回归至初始等速变形速度阶段。

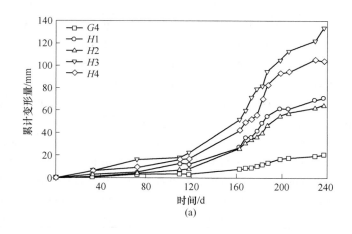

(a)

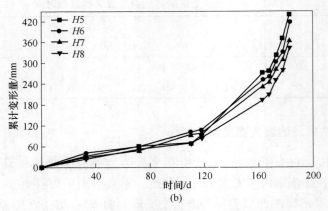

图 8-5　滑坡区域监测点累计变形成果图

8.5.4　边坡失稳预测预报结果及分析

利用滑坡上监测点预报滑坡的研究比较多，本章只研究利用未发生破坏的监测点的变形曲线，基于 Verhulst 灰色模型推导水厂铁矿上盘边坡运用改进的"斋藤法"预报滑坡时间公式。按照改进的"斋藤法"，把边坡变形失稳发展过程分为四个阶段：2004 年 12 月 2 日前的测量结果，属于初始等速变形阶段，采用最小二乘法拟合，求出斜率 k，即边坡变形速率。后三阶段符合 S 形曲线，利用 Verhulst 灰色模型进行拟合。本书中采用三次样条插值计算每 5d 边坡变形变化量，S 形曲线部分从 2004 年 12 月 2 日开始计算，即监测起始的第 72d，所得插值结果如表 8-2 所示，变形速率最大值和发生的时段如表 8-3 所示。

表 8-2　水厂铁矿北区采场上盘边坡三次样条插值累计位移量（mm）成果表

时间/d	0	5	10	15	20	25	30	35	40	45	50	55	60	65	70	75	80
G4	0.00	0.07	0.17	0.29	0.43	0.58	0.74	0.92	1.16	1.47	1.80	2.15	2.46	2.73	2.92	3.02	3.10
H1	0.00	0.54	1.05	1.54	1.99	2.41	2.79	3.13	3.40	3.62	3.82	4.02	4.24	4.51	4.84	5.35	6.33
H2	0.00	0.07	0.17	0.31	0.48	0.67	0.87	1.09	1.38	1.73	2.12	2.54	2.98	3.42	3.84	4.23	4.60
H3	0.00	0.77	1.59	2.46	3.39	4.36	5.37	6.45	7.76	9.25	10.83	12.37	13.78	14.96	15.79	16.23	16.51
H4	0.00	1.13	2.20	3.21	4.13	4.95	5.65	6.21	6.66	7.03	7.35	7.66	7.98	8.35	8.79	9.37	10.15

时间/d	85	90	95	100	105	110	115	120	125	130	135	140	145	150	155	160	165
G4	3.16	3.20	3.25	3.30	3.36	3.43	3.53	3.68	3.93	4.25	4.65	5.11	5.62	6.16	6.72	7.29	7.87
H1	7.63	9.10	10.54	11.79	12.67	13.00	12.32	12.03	12.34	13.01	14.05	15.46	17.26	19.44	22.02	25.01	30.66
H2	4.95	5.31	5.69	6.08	6.52	7.00	7.58	8.36	9.43	10.74	12.31	14.13	16.22	18.57	21.20	24.12	27.86
H3	16.69	16.84	16.99	17.26	17.52	18.00	20.17	23.09	25.74	28.35	31.02	33.87	36.98	40.46	44.42	48.96	54.69
H4	11.09	12.12	13.19	14.24	15.19	16.00	16.58	17.39	18.64	20.31	22.39	24.90	27.83	31.20	35.00	39.24	45.19

时间/d	170	175	180	185	190	195	200	205	210	215	220	225	230	235	240
G4	8.67	9.80	11.20	12.94	14.61	16.05	17.02	17.66	18.04	18.31	18.53	18.79	19.17	19.82	20.55
H1	36.00	37.49	44.70	52.25	57.79	61.29	61.84	61.04	61.48	63.11	65.34	67.58	69.28	70.54	71.66
H2	32.37	34.79	37.26	43.51	49.91	53.42	55.92	57.73	58.87	59.66	60.34	61.13	62.28	64.15	66.23
H3	64.32	74.73	80.19	88.24	98.73	102.59	107.10	112.30	114.98	116.60	117.96	119.75	122.85	130.37	138.86
H4	50.93	52.92	59.50	77.28	87.17	91.77	93.33	93.84	95.38	98.34	101.65	104.22	104.99	104.47	102.94

表 8-3　水厂铁矿北区采场上盘边坡变形速率最大值

监测点	G4	H1	H2	H3	H4	H5	H6	H7	H8
v_{max}/mm·5d^{-1}	1.65	6.67	5.32	10.03	15.17	78.25	111.77	64.71	77.83
发生时段	21/3~25/3	21/3~25/3	26/3~30/3	26/3~30/3	21/3~25/3	21/3~25/3	21/3~25/3	21/3~25/3	21/3~25/3

　　根据表 8-2 所列数据，分别采用时间间隔 $\Delta t = 5d$、$\Delta t = 10d$ 按照 Verhulst 灰色系统模型建模的步骤建立预测方程，得到第 1 阶段速率 k，第 2、3、4 阶段参数列 a、b 结果及边坡失稳预报时间 t_r 分别如表 8-4 所示，边坡位移、速度、加速度曲线如图 8-6 所示。

表 8-4　水厂铁矿北区采场上盘边坡失稳预测成果表

监测点	$\Delta t = 5d$				$\Delta t = 10d$			$t_{r-10} - t_{r-5}$
	k/mm·5d^{-1}	a	b	t_{r-5}/d	a	b	t_{r-10}/d	/h
G4	0.187	−0.1373769	−0.0055010	181.92	−0.2732525	−0.0109278	182.37	10.9
H1	0.372	−0.1829808	−0.0023487	184.87	−0.3639278	−0.0046636	187.13	54.3
H2	0.313	−0.1976399	−0.0027715	186.15	−0.3916423	−0.0054821	186.86	17.1
H3	1.02	−0.1319112	−0.0007559	187.82	−0.2610524	−0.0014849	189.06	29.7
H4	0.761	−0.1971200	−0.0017673	182.31	−0.3909418	−0.0035101	182.79	11.5

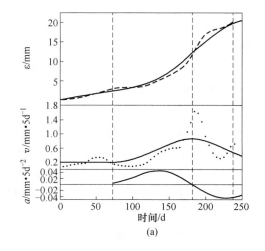
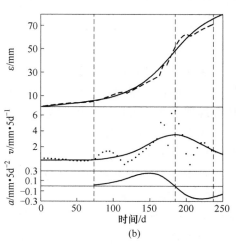

(a)　　　　　　　　　　　(b)

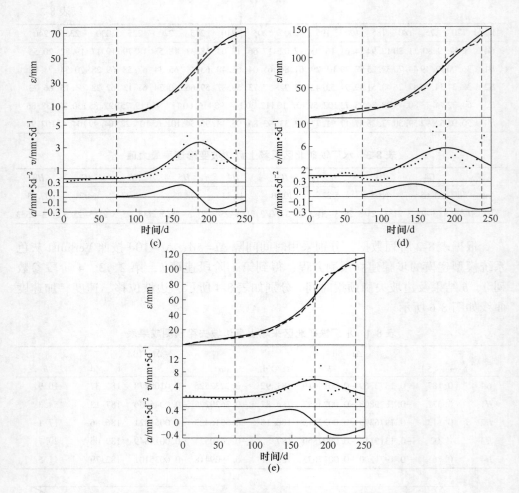

图 8-6　基于 Verhulst 灰色模型的监测点变形预测结果

（a）*G*4；（b）*H*1；（c）*H*2；（d）*H*3；（e）*H*4

　　实际发生滑坡的时间为 2005 年 3 月 26 日晚，即第 186d，预测的结果与实际情况比较相符，说明该模型对水厂铁矿北区采场下盘滑坡预报具有较高的精度。从变形拟合曲线也反映出该模型的可靠度。

　　如表 8-3 所示，插值实测变形速率最大值距离滑坡越近越大，而且滑坡部位的变形速率最大值要远大于靠近滑坡而未发生滑落的部位。但从图 8-6 可以看出，发生最大变形速率的时段与 Verhulst 灰色预测模型是相对应的，所以改进的"斋藤法"如果用确定的边坡位移速率作为滑坡的判据还需要做进一步研究，但应用速率的变化曲线作为滑坡的判据相对还是比较合适的。

　　如表 8-4 所示，时间间隔 $\Delta t = 10d$ 的滑坡预报时间较 $\Delta t = 5d$ 的滑坡预报时间稍微滞后，但总体上相差不大。所以，为了节约监测的时间和费用，在开始阶段可以相对延长监测周期，至临滑前约一个月再缩短监测周期。很多研究报告也显示，边坡失稳发生时间的临滑预报很大程度上依赖于位移监测的最新数据，观测的位移距滑坡将要发生的实际时间越近，预测的精度就会越高。

8.6　四川省某自然滑坡预报研究

以四川省北川县某自然滑坡监测数据为例，对改进的"斋藤法"预测自然滑坡发生时间的可靠性及精度进行进一步的验证。

8.6.1　滑坡基本特征及监测点布设

该自然滑坡发育于第四系堆积层和以千枚岩为基岩的强风化层中，滑床基岩为志留系上中统茂县群（Smx）岩层，受区域变质作用影响，有轻度变质，岩性以千枚岩为主。滑坡体前缘高程 1530m，后缘高程 1825m，前缘为一平均坡度45°的陡坡临空面，滑坡前缘与河谷高差超过 500m，后缘出露滑坡壁，下错高度大于 10m。滑坡体纵长为 300m，平均宽度为 260m，平均厚度为 25m，总方量约 $200 \times 10^4 m^3$。

2006 年 12 月 24 日，该滑坡出现变形破坏迹象，滑坡前缘发生零星崩落。为了全面掌控滑坡的变形破坏情况，先后在主滑坡体上布置了 9 个地表位移监测点，其中 7 个监测点位于滑坡体上，另有两个监测点（TP4、TP9）布置在滑坡后缘裂缝上部。采用全站仪自 2007 年 1 月 10 日~11 月 30 日对滑坡体运动状况进行观测。该滑坡体于 7 月 28 日晚 11:30 发生大规模滑塌。其中位于滑坡体上的 7 个监测点随滑坡发生破坏，而位于滑坡体裂缝后缘上方的 2 个监测点未发生破坏。

8.6.2　滑坡监测及预测结果

自 2007 年 1 月至 9 月，各监测点的变形成果如图 8-7 所示，表 8-5 显示了各监测点最大变形速率及其发生的时段。

与改进的"斋藤法"相对应，该滑坡变形在时间上可以分成四个阶段：（1）初始等速变形阶段：2007 年 1~4 月中；（2）第Ⅰ加速变形阶段：2007 年 4 月中旬~6 月初；（3）第Ⅱ加速变形阶段：2007 年 6 月初~7 月 28 日；（4）减速变形阶段：2007 年 7 月底~9 月中旬。采用时间间隔 $\Delta t = 1d$，按照 Verhulst 灰色系统模型建立预测方程，得到第 1 阶段速率 k，第 2、3、4 阶段参数列 a、b 及边坡失稳预报时间 t_r 分别如表 8-5 所示。

表 8-5 预测结果表明，改进的"斋藤法"同样适用于自然滑坡的时间预报。

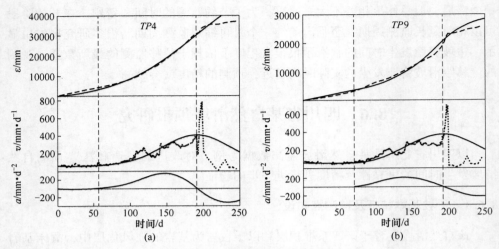

图 8-7   该滑坡监测与预测结果

表 8-5   该滑坡预测成果表

监测点	$v_{max}/\text{mm} \cdot \text{d}^{-1}$	$k/\text{mm} \cdot \text{d}^{-1}$	a	b	t_{r-1}/d	Error/d
TP4	777. 12	62. 78	0. 5532378	0. 0002323	190. 95	−7. 05
TP9	679. 94	57. 82	0. 5189435	0. 0001729	191. 88	−6. 12

参 考 文 献

［1］谢和平．深部高应力下的资源开采与地下工程—挑战与机遇［C］．香山科学会议第175次学术讨论会交流材料，2001.

［2］孙玉科，牟会宠，姚宝魁．边坡岩体稳定性分析［M］．北京：科学出版社，1988.

［3］孙玉科，李建国．岩质边坡稳定性的工程地质研究［J］．地质科学，1965，6（4）：330~352.

［4］王在泉．复杂边坡工程系统稳定性研究［M］．徐州：中国矿业大学出版社，1999.

［5］Bishop A W. The use of the slip circle in the stability analysis of slopes［J］. Géotechnique, 1955, 5（1）:7~17.

［6］Morgenstern N R, Price V E. The Analysis of the Stability of General Slip Surfaces［J］. Géotechnique, 1965, 15（1）:79~93.

［7］Janbu N. Slope Stability Computations［J］. Publication of Wiley & Sons Incorporated, 1973: 47~86.

［8］Sarma S K. Stability Analysis of Embankments and Slopes［J］. Journal of Geotechnical and Geo-environmental Engineering, 1979, 105（GT12）:1511~1524.

［9］Martin, Dennis C. Time dependent deformation of rock slopes［D］. University of London, 1983.

［10］Thiebes B, Bell R, Glade T, et al. Integration of a limit-equilibrium model into a landslide early warning system［J］. Landslides. 2014, 11（5）:859~875.

［11］邓建辉，熊文林，葛修润．节理岩体自适应有限无分析方法及其工程应用［J］．岩石力学与工程学报，1995，14（3）:246~254.

［12］Cundall B P A. A computer model for simulating progressive large scale movements in blocky rock systems［C］. Proc Int Symp on Rock Fracture, 1971.

［13］王泳嘉．离散单元法———一种适用于节理岩石力学分析的数值方法［C］．全国岩石力学数值计算及模型试验讨论会，1986.

［14］陈昌伟．离散单元法及其在岩质高边坡稳定分析中的应用［D］．清华大学，1992.

［15］Zhang C, Pekau O A, Jin F, et al. Application of distinct element method in dynamic analysis of high rock slopes and blocky structures［J］. Soil Dynamics & Earthquake Engineering, 1997, 16（6）:385~394.

［16］Spencer E. A method of analysis of the stability of embankments assuming parallel interslice forces［J］. Géotechnique, 1967, 17（1）:11~26.

［17］殷坤龙，晏同珍．滑坡预测及相关模型［J］．岩石力学与工程学报，1996，28（1）：1~8.

［18］李造鼎，宋纳新．岩土动态开挖的灰色突变建模［J］．岩石力学与工程学报，1997，16（3）:252~257.

［19］Komac M, Holley R, Mahapatra P, et al. Coupling of GPS/GNSS and radar interferometric data for a 3D surface displacement monitoring of landslides［J］. Landslides, 2014, 12（2）:

241~257.

[20] 郑明新，王恭先，王兰生．分形理论在滑坡预报中的应用研究 [J]．地质灾害与环境保护，1998 (2)：18~26.

[21] 张子新，孙钧．分形块体理论及其在三峡高边坡稳定分析中的应用 [J]．自然灾害学报，1995 (4)：89~95.

[22] 吴中如，潘卫平．分形几何理论在岩土边坡稳定性分析中的应用 [J]．水利学报，1996 (4)：79~82.

[23] 李彰明．模糊分析在边坡稳定性评价中的应用 [J]．岩石力学与工程学报，1997，16 (5)：490~495.

[24] Hammah R E, Curran J H. Fuzzy cluster algorithm for the automatic identification of joint sets [J]. International Journal of Rock Mechanics and Mining Sciences, 1998, 35 (7)：889~905.

[25] 李文秀．岩土边坡稳定性的模糊测度分析 [J]．岩土工程学报，1996，18 (2)：215~223.

[26] Mercogliano P, Segoni S, Rossi G. A prototype forecasting chain for rainfall induced shallow landslides [J]. Natural Hazards and Earth System Sciences. 2013, 13 (3)：771~777.

[27] 冯树仁，丰定祥，葛修润，等．边坡稳定性的三维极限平衡分析方法及应用 [J]．岩土工程学报，1999，21 (5)：657~661.

[28] Xie M, Esaki T, Zhou G, et al. GIS-based 3D critical slope stability analysis and landslide hazard assessment [J]. Journal of Geotechnical and Geoenvironmental Engineering, 2003, 129 (12)：1109~1118.

[29] 秦四清，张倬元，王士天，等．非线性工程地质学导引 [M]．成都：西南交通大学出版社，1993.

[30] 周萃英，晏同珍，汤连生．滑坡灾害系统非线性动力学研究 [J]．长春地质学院学报，1995，25 (3)：310~316.

[31] Perry J. A technique for defining non-linear shear strength envelopes, and their incorporation in a slope stability method of analysis [J]. Quarterly Journal of Engineering Geology, 1994, 27 (3)：231~241.

[32] Phillips J. Nonlinear dynamics and the evolution of relief [J]. Geomorphology, 1995, 14 (1)：57~64.

[33] Kantz H, Schreiber T. Nonlinear Time Series Analysis [M]. Cambridge：Cambridge University Press，1997.

[34] Nicolis. G. Introduction to Nonlinear Science [M]. Cambridge：Cambridge University Press, 1995.

[35] 常春，周德培，王泳嘉，等．露天矿边坡稳定性分析集成智能系统 [J]．岩土力学，1997，18 (3)：64~69.

[36] Saito M. Research on forecasting the time of occurrence of slope failure [J]. Soil Mechanics & Foundation Engineering. 1969, 17 (2)：29~38.

[37] Brawner C O, Stacey P F. Chapter 21 - Hogarth pit slope failure, Ontario, Canada [J]. Devel-

opments in Geotechnical Engineering. 1979, 14 (Part B):691~707.

[38] 崔政权, 李宁. 边坡工程—理论与实践的最新发展 [M]. 北京：中国水利水电出版社, 1999.

[39] Vulliet L, Hutter K. Viscous-type sliding laws for landslides [J]. Canadian Geotechnical Journal. 1988, 25 (3):467~477.

[40] Fredlund D G, Xing A. Equations for the soil-water characteristic curve [J]. Canadian Geotechnical Journal. 1994, 31 (4):521~532.

[41] 李天文. GPS 原理及应用 [M]. 北京：科学出版社, 2003.

[42] 蔡美峰, 李长洪, 李军财, 等. GPS 在深凹露天矿高陡边坡位移动态监测中的应用 [J]. 中国矿业, 2004, 13 (9):60~64.

[43] 易庆林, 王尚庆, 涂鹏飞. 崩塌滑坡监测方法适用性分析 [J]. 中国地质灾害与防治学报, 1996, 7 (S1):93~101.

[44] 王秀美, 贺跃光, 曾卓乔. 数字化近景摄影测量系统在滑坡监测中的应用 [J]. 测绘通报, 2002, (2):28~30.

[45] Desai C S, Samtani N C, Vulliet L. Constitutive modeling and analysis of creeping slopes [J]. Journal of Geotechnical Engineering. 1995, 121 (1):43~56.

[46] Angeli M G, Gasparetto P, Menotti R M, et al. A visco-plastic model for slope analysis applied to a mudslide in Cortina d'Ampezzo, Italy [J]. Quarterly Journal of Engineering Geology, 1996, 29: 233~240.

[47] 单新建, 叶洪, 李焯芬, 等. 基于 GIS 的区域滑坡危险性预测方法与初步应用 [J]. 岩石力学与工程学报, 2002, 21 (10):1507~1514.

[48] 欧阳祖熙, 丁凯, 师洁珊, 等. 一种新型地质灾害无线遥测台网 [J]. 中国地质灾害与防治学报, 2003, 14 (1):90~94.

[49] 蔡美峰. 地应力测量原理和技术（修订版）[M]. 北京：科学出版社, 2004.

[50] Corominas J, Moya J, Ledesma A, et al. Prediction of ground displacement and velocities from ground water level changes at the Vallcebre landslide (Eastern Pyrenees, Spain) [J]. Landslides. 2005, 2 (2):83~96.

[51] 刘小伟, 刘高, 谌文武, 等. 降雨对边坡变形破坏影响的综合分析 [J]. 岩石力学与工程学报, 2003, 22 (2):2715~2718.

[52] 秦四清. 斜坡失稳过程的非线性演化机制与物理预报 [J]. 岩土工程学报, 2005, 27 (11):1241~1248.

[53] 姜德义, 朱合华, 杜云贵. 边坡稳定性分析与滑坡防治 [M]. 重庆：重庆大学出版社, 2005.

[54] 徐邦栋. 滑坡分析与防治 [M]. 北京：中国铁道出版社, 2001.

[55] 李天斌. 岩质工程高边坡稳定性及其控制的系统研究 [J]. 岩石力学与工程学报, 2003, 22 (2):341.

[56] 贺可强, 白建业, 王思敬. 降雨诱发型堆积层滑坡的位移动力学特征分析 [J]. 岩土力学, 2005, 26 (05):705~709.

[57] 秦四清, 张悼元, 王士天. 滑坡时间预测的非线性动力学力法 [J]. 水文地质工程地质, 1993, 18 (5):1~4.

[58] 秦四清. 斜坡失稳的突变模型与混沌机制 [J]. 岩石力学与工程学报, 2000, 19 (4): 486~492.

[59] 廖小平. 滑坡破坏时间预报新理论探讨 [J]. 地质灾害与环境保护, 1994, 5 (3): 25~29.

[60] 黄润秋, 许强. 斜坡失稳时间的协同预测模型 [J]. 山地学报, 1997, 15 (1):7~12.

[61] 刘汉东. 边坡位移矢量场与失稳定时预报试验研究 [J]. 岩石力学与工程学报, 1998, 17 (2):111~116.

[62] 黄志全, 张长存, 姜形, 等. 滑坡预报的协同-分岔模型及其应用 [J]. 岩石力学与工程学报, 2002, 21 (4):498~501.

[63] 黄志全. 边坡演化的非线性机制及滑坡预测预报研究 [J]. 岩石力学与工程学报, 2000, 19 (2):260.

[64] 唐璐, 齐欢. 混沌和神经网络结合的滑坡预测方法 [J]. 岩石力学与工程学报, 2003, 22 (12):1984~1987.

[65] 王思敬. 作为现代学科的岩石力学研究与实践 [C]. 中国岩石力学与工程学会第五次学术大会, 1998.

[66] 孙玉科, 杨志法, 丁恩保, 等. 中国露天矿边坡稳定性研究 [M]. 北京: 中国科学技术出版社, 1999.

[67] Goodman R E, Kieffer D S. Behavior of Rock in Slopes [J]. Journal of Geotechnical & Geoenvironmental Engineering, 2000, 126 (8):675~684.

[68] Maugeri M, Motta E, Raciti E. Mathematical modelling of the landslide occurred at Gagliano Castelferrato (Italy) [J]. Natural Hazards and Earth System Sciences, 2006, 6 (1):133~143.

[69] Malkawi A I H, Hassan W F, Abdulla F A. Uncertainty and reliability analysis applied to slope stability [J]. Structural safety, 2000, 22 (2):161~187.

[70] Whitman R V. Organizing and Evaluating Uncertainty in Geotechnical Engineering [J]. Journal of Geotechnical & Geoenvironmental Engineering, 2000, 126 (7):583~593.

[71] 王家臣. 边坡工程随机分析原理 [M]. 北京: 煤炭工业出版社, 1996.

[72] Van Asch T W J, Van Beek L P H, Bogaard T A. Problems in predicting the mobility of slow-moving landslides [J]. Engineering Geology. 2007, 91 (1):46~55.

[73] Calvello M, Cascini L, Sorbino G. A numerical procedure for predicting rainfall-induced movements of active landslides along pre-existing slip surfaces [J]. International Journal for Numerical and Analytical Methods in Geomechanics, 2008, 32 (4):327~351.

[74] Itasca Consulting Group, Inc. Fast Lagrangian Analysis of Continua, Version 5.0, User's Manual, 2005.

[75] Itasca Consulting Group, Inc. Fast Lagrangian Analysis of Continua in 3 Dimensions, Version 3.0, User's Manual, 2005.

[76] 黄润秋, 许强. 显式拉格朗日差分分析在岩石边坡工程中的应用 [J]. 岩石力学与工程

学报，1995，14（4）:346~353.

[77] 贺小黑，王思敬，肖锐铧，等. Verhulst滑坡预测预报模型的改进及其应用 [J]. 岩土力学，2013，34（S1）:355~364.

[78] 徐峰，汪洋，杜娟，等. 基于时间序列分析的滑坡位移预测模型研究 [J]. 岩石力学与工程学报，2011，30（4）:746~751.

[79] 蔡美峰，何满潮，刘东燕. 岩石力学与工程 [J]. 科学出版社，2002.

[80] 苗胜军，李军才，王克忠. 高层建筑地基沉降量推算方法的探讨 [J]. 建筑结构，2005（5）:50~51.

[81] 苗胜军，蔡美峰，夏训清，等. 深凹露天矿GPS边坡变形监测 [J]. 北京科技大学学报，2006，28（6）:515~518.

[82] Bieniawski Z T. 工程岩体分类——采矿、土建及石油工程师与地质学者的通用手册 [M]. 徐州:中国矿业大学出版社，1993.

[83] Hoek E，Brown E T. Underground Excavations in Rock [M]. London: Institution of Mining and Metallurgy，1980.

[84] Hoek E，Brown E T. The Hoek-Brown failure criterion-a 1988 update [C]. Proc. 15th Canadian Rock Mech，1988.

[85] Hoek E，Wood D，Shah S. A Modified Hoek-Brown Failure Criterions for Jointed Rock Masses [C]. Proceedings of the International ISRM Symposium on Rock Characterization，Chester，UK，September 1992，1992.

[86] Bieniawski Z T. Determining rock mass deformability: experience from case histories [J]. International Journal of Rock Mechanics & Mining Science & Geomechanics Abstracts，1978，15（5）:237~247.

[87] Hoek E，Marinos P，Benissi M. Applicability of the geological strength index (GSI) classification for very weak and sheared rock masses. The case of the Athens Schist Formation [J]. Bulletin of Engineering Geology & the Environment，1998，57（2）:151~160.

[88] 中华人民共和国水利部. 水利水电工程钻孔压水试验规程 SL31-2003 [S]. 北京: 水利电力出版社，1979.

[89] Gutiérrez M R，Reyes M A，Rosu H C. A note on Verhulst's logistic equation and related logistic maps [J]. Journal of Physics A: Mathematical and Theoretical，2010，43（20）:205204.

[90] 苗胜军，万林海，来兴平. 三山岛金矿地应力场与地质构造关系分析 [J]. 岩石力学与工程学报，2004，12（23）:3996~3999.

[91] Deng J L. Introduction to grey system theory [J]. Journal of Grey System. 1989，1（1）:1~24.

[92] Deng J L. Grey modeling resource theory and GM（1，1，bk）[J]. Journal of Grey System. 2005，17（3）:201~206.

[93] 张守信. GPS卫星测量定位理论与应用 [M]. 长沙: 国防科技大学出版社，1996.

[94] 黄润秋. 岩石高边坡发育的动力过程及其稳定性控制 [J]. 岩石力学与工程学报，2008，27（8）:1525~1544.

[95] 黄润秋，赵建军，巨能攀，等. 汤屯高速公路顺层岩质边坡变形机制分析及治理对策研

究 [J]. 岩石力学与工程学报, 2007, 26 (2):239~246.

[96] 苗胜军, 蔡美峰, 张丽英. 水厂铁矿边坡变形 GPS 监测及数据处理 [J]. 金属矿山, 2005, (346):11~13.

[97] Remondi B W. Pseudo-kinematic GPS Results Using the Ambiguity Function Method [J]. Navigation, 1991, 38 (1):17~36.

[98] 黄润秋. 20 世纪以来中国的大型滑坡及其发生机制 [J]. 岩石力学与工程学报, 2007, 26 (3):433~454.

[99] Wang Q, Zhang P Z, Freymueller J T. Present-day crustal deformation in China constrained by global positioning system measurements [J]. Science, 2001, 294 (5542):574~577.

[100] Flood I, Kartam N. Neural Networks in Civil Engineering. II: Systems and Application [J]. Journal of Computing in Civil Engineering, 1994, 8 (2):149~162.

[101] 陈国庆, 黄润秋, 石豫川, 等. 基于动态和整体强度折减法的边坡稳定性分析 [J]. 岩石力学与工程学报, 2014, 33 (2):243~256.

[102] Ghaboussi J, Sidatra D E. New method of material modeling using neural networks [J]. Numerical models in Geomechanics Pietruszczak & Pande Eds, 1997: 393~400

[103] Ellis G W., Yao C, Zhao R, et al. Stress-Strain Modeling of Sands Using Artificial Neural Networks [J]. Journal of Geotechnical Engineering, 1995, 121 (5):429~435.

[104] Zhu J H, Zaman M M, Anderson S A. Modeling of soil behavior with a recurrent neural network [J]. Canadian Geotechnical Journal, 1998, 35 (5):858~872.

[105] Goh A T C. Seismio liquefaction potential assessed by neural networks [J]. Journal of Geotechnical Engineering, 1994, 120 (9):1467~1480.

[106] Goh A T C. Neural-networks modeling of CPT seismic liquefaction data [J]. Journal of Geotechnical Engineering, 1996, 122 (1):70~73.

[107] 黄润秋, 唐世强, 邓辉, 等. 皖南某高速公路四号边坡变形机理及稳定性分析 [J]. 成都理工大学学报 (自然科学版), 2006, 33 (6):551~556.

[108] Kiefa M A A. General regression neural networks for driven piles in cohesionless soils [J]. Journal of Geotechnical and Geoenvironmental Engineering, 1998, 124 (12):1177~1185.

[109] Goh A T C, Wong K S, Broms B B. Estimation of lateral wall movements in braced excavations using neura [J]. Canadian Geotechnical Journal, 2011, 32 (6):1059~1064.

[110] Shi J, Ortigao J A R, Bai J. Modular Neural Networks for Predicting Settlements during Tunneling [J]. Journal of Geotechnical & Geoenvironmental Engineering, 1998, 124 (5): 389~395.

[111] 胡斌, 黄润秋. 软硬岩互层边坡崩塌机理及治理对策研究 [J]. 工程地质学报, 2009, 17 (2):200~205.

[112] 张清, 宋家蓉. 利用神经网络预测岩石或岩石工程的力学性态 [J]. 岩石力学与工程学报, 1992, 11 (1):35~43.

[113] 冯夏庭, 王泳嘉. 采矿功能智能系统——人工智能与神经网络在矿业中的应用 [M]. 北京: 冶金工业出版社, 1994.

[114] 冯夏庭．智能岩石力学导论［M］．北京：科学出版社，2000．

[115] 黄达，黄润秋，周江平，等．雅砻江锦屏一级水电站坝区右岸高位边坡危岩体稳定性研究［J］．岩石力学与工程学报，2007，26（1）：175～181．

[116] 蔡国军，黄润秋，严明，等．反倾向边坡开挖变形破裂响应的物理模拟研究［J］．岩石力学与工程学报，2008，27（4）：811～817．

[117] 黄润秋．岩石高边坡稳定性工程地质分析［M］．北京：科学出版社，2012．

[118] 肖锐铧，王思敬，贺小黑，等．非均质边坡多级稳定性分析方法［J］．岩土工程学报，2013（6）：1062～1068．

[119] 荣冠，朱焕春，王思敬．锦屏一级水电站左岸边坡深部裂缝成因初探［J］．岩石力学与工程学报，2008，27（S1）：2855～2863．

[120] 蔡美峰，来兴平．非线性神经网络在复杂条件矿床采矿方法识别中的应用［C］．中国岩石力学与工程学会第六次学术大会，2000．

[121] 王建新，王恩志，王思敬．交河故城土遗址边坡降雨非饱和入渗分析［J］．工程勘察，2010，38（5）：23～25．

[122] 陈昌彦，王思敬，沈小克．边坡岩体稳定性的人工神经网络预测模型［J］．岩土工程学报，2001，23（2）：157～161．

[123] 许强．滑坡的变形破坏行为与内在机理［J］．工程地质学报，2012，20（2）：145～151．

[124] 许强，董秀军．汶川地震大型滑坡成因模式［J］．地球科学（中国地质大学学报），2011，36（6）：1134～1142．

[125] 张有天，周维垣．岩石高边坡的变形与稳定［M］．北京：中国水利水电出版社，1999．

[126] 罗国煜，王培清，陈华生．岩坡优势面分析理论与方法［M］．北京：地质出版社，1992．

[127] Zhang Y, Bandopadhyay S, Liao G. An analysis of progressive slope failures in brittle rocks［J］．International Journal of Surface Mining, Reclamation and Environment, 1989, 3（4）：221～227．

[128] 亓星，许强，郑光，等．降雨诱发顺层岩质及土质滑坡动态预警力学模型［J］．灾害学，2015（3）：38～42．

[129] 林韵梅．岩石分级的理论与实践［M］．北京：冶金工业出版社，1996．

[130] 王维早，许强，郑光，等．强降雨诱发缓倾堆积层边坡失稳离心模型试验研究［J］．岩土力学，2016，37（1）：87～95．

[131] 唐栋，李典庆，周创兵，等．考虑前期降雨过程的边坡稳定性分析［J］．岩土力学，2013（11）：3239～3248．

[132] 姜德义，朱合华，杜云贵．边坡稳定性分析与滑坡防治［M］．重庆：重庆大学出版社，2005．

[133] 聂春龙．边坡工程风险分析理论与应用研究［D］．中南大学，2012．

[134] Fukuzono T. Recent Studies on Time Prediction of slope Failure［J］．Landslide News, Japan, 1990, 4（9）：9-12．

[135] Kockelman W J. Some techniques for reducing landslide hazards［J］．Environmental & Engi-

neering Geoscience, 1986, 23 (1):29~52.

[136] 刘汉东. 边坡失稳定时预报理论与方法 [M]. 郑州：黄河水利出版社, 1996.

[137] Sheko A I. Theoretical principles of regional temporal prediction of landslide activation [J]. Bulletin of Engineering Geology & the Environment, 1977, 16 (1):67~69.

[138] Saito M. Forecasting the time of occurrence of a slope failure [C]. Proceedings of 6th International Congress of Soil Mechanics and Foundation Engineering, 1965.

[139] 倪卫达. 基于岩土体动态劣化的边坡时变稳定性研究 [D]. 中国地质大学, 2014.

[140] 崔党群. Logistic 曲线方程的解析与拟合优度测验 [J]. 数理统计与管理, 2005, 24 (1):112~115.

[141] 王朝阳. 滑坡监测预报效果评估方法研究——以三峡工程库区为例 [D]. 成都理工大学, 2012.

[142] 晏同珍, 杨顺安, 方云. 滑坡学 [M]. 武汉：中国地质大学出版社, 2000.

[143] 邓聚龙. 灰色预测与决策 [M]. 武汉：华中理工大学出版社, 1986.

[144] 谢瑾荣, 周翠英, 程晔. 降雨条件下软岩边坡渗流-软化分析方法及其灾变机制 [J]. 岩土力学, 2014 (1):197~203.

[145] 熊传治, 徐诚, 姜军. 用灰色理论 Verhulst 模型进行富家坞矿北帮边坡大滑坡的预报 [J]. 矿冶工程, 1998, 18 (3):5~9.

[146] 殷坤龙. 滑坡灾害预测预报 [M]. 武汉：中国地质大学出版社, 2003.

[147] 王旭春, 管晓明, 杜明庆, 等. 安太堡露天矿边坡蠕滑区滑动机理与稳定性分析 [J]. 煤炭学报, 2013, 38 (S2):312~318.

[148] 杜娟. 单体滑坡灾害风险评价研究 [D]. 中国地质大学, 2012.

[149] 王俊, 黄润秋, 聂闻, 等. 基于无限边坡算法的降雨型滑坡预警系统的模型试验研究 [J]. 岩土力学, 2014, 35 (12):3503~3510.

[150] 张社荣, 谭尧升, 王超, 等. 强降雨特性对饱和-非饱和边坡失稳破坏的影响 [J]. 岩石力学与工程学报, 2014, 33 (S2):4102~4112.

[151] 刘晓, 唐辉明, 熊承仁. 边坡动力可靠性分析方法的模式、问题与发展趋势 [J]. 岩土力学, 2013 (5):1217~1234.

[152] 王浩, 廖小平. 边坡开挖卸荷松弛区的力学性质研究 [J]. 中国地质灾害与防治学报, 2007, 18 (S1):5~10.

[153] 邱丹丹, 卢新海, 李沛. 基于 GPS 和 GIS 的大冶铁矿高陡边坡监测预警系统 [J]. 武汉工程大学学报, 2010, 32 (1):16~18.

[154] Li X Y, Zhang L M, Jiang S H, et al. Assessment of Slope Stability in the Monitoring Parameter Space [J]. Journal of Geotechnical and Geoenvironmental Engineering, 2016, 142 (7): 1~9.

[155] Zhao C, Zhang Q, He Y, et al. Small-scale loess landslide monitoring with small baseline subsets interferometric synthetic aperture radar technique-case study of Xingyuan landslide, Shaanxi, China [J]. Journal of Applied Remote Sensing, 2016, 10 (2):26~39.

[156] Michoud C, Baumann V, Lauknes T R, et al. Large slope deformations detection and monito-

ring along shores of the Potrerillos dam reservoir，Argentina，based on a small-baseline InSAR approach［J］. Landslides，2016，13（3）:451~465.

［157］ Nunoo S，Tannant D D，Newcomen H W. Slope monitoring practices at open pit porphyry mines in British Columbia，Canada［J］. International Journal of Mining，Reclamation and Environment，2016，30（3）:245~256.

［158］ Song H，Cui W. A large-scale colluvial landslide caused by multiple factors: mechanism analysis and phased stabilization［J］. Landslides，2016，13（2）:321~335.

［159］ Xie M，Huang J，Wang L，et al. Early landslide detection based on D-InSAR technique at the Wudongde hydropower reservoir［J］. Environmental Earth Sciences，2016，75（8）:717.

［160］ Zhi M，Shang Y，Zhao Y，et al. Investigation and monitoring on a rainfall-induced deep-seated landslide［J］. Arabian Journal of Geosciences，2016，9（3）:1~13.

［161］ Macciotta R，Hendry M，Martin C D. Developing an early warning system for a very slow landslide based on displacement monitoring［J］. Natural Hazards，2016，81（2）:887~907.

［162］ Uhlemann S，Smith A，Chambers J，et al. Assessment of ground-based monitoring techniques applied to landslide investigations［J］. Geomorphology，2016，253（15）:438~451.

［163］ Uhlemann S，Wilkinson P，Chambers J，et al. Interpolation of landslide movements to improve the accuracy of 4D geoelectrical monitoring［J］. Journal of Applied Geophysics，2015，121: 93~105.

［164］ Benoit L，Briole P，Martin O，et al. Monitoring landslide displacements with the Geocube wireless network of low-cost GPS［J］. Engineering Geology，2015，195: 111~121.

［165］ Topal T，Hatipoglu O. Assessment of slope stability and monitoring of a landslide in the Koyulhisar settlement area（Sivas，Turkey）［J］. Environmental Earth Sciences，2015，74（5）: 4507~4522.

［166］ Bordoni M，Meisina C，Valentino R，et al. Hydrological factors affecting rainfall-induced shallow landslides: From the field monitoring to a simplified slope stability analysis［J］. Engineering Geology，2015，193: 19~37.

［167］ Dick G J，Eberhardt E，Cabrejo-Liévano A G，et al. Development of an early-warning time-of-failure analysis methodology for open-pit mine slopes utilizing ground-based slope stability radar monitoring data［J］. Canadian Geotechnical Journal，2014，52（4）:515~529.

［168］ Sornette D，Helmstetter A，Andersen J V，et al. Towards landslide predictions: two case studies［J］. Physica A: Statistical Mechanics and its Applications，2004，338（3）: 605~632.

［169］ 黄润秋. 论滑坡预报［J］. 国土资源科技管理，2004，21（6）:15~20.

［170］ 刘文军，贺可强. 堆积层滑坡位移矢量角的 R/S 分析——以新滩滑坡分析为例［J］. 青岛理工大学学报，2006，27（1）:32~35.

［171］ 赵东明，蔡志武，包欢. SPKF 滤波方法在变形监测数据分析中的应用［J］. 测绘科学技术学报，2007，24（3）:186~188.

［172］ 刘志平，何秀凤. 稳健时序分析方法及其在边坡监测中的应用［J］. 测绘科学，2007，

32 (2):73~74.

[173] 许强，汤明高，徐开祥，等. 滑坡时空演化规律及预警预报研究 [J]. 岩石力学与工程学报，2008，27 (6):1104~1112.

[174] 周翠英，陈恒，朱凤贤. 基于渐进演化的高边坡非线性动力学预警研究 [J]. 岩石力学与工程学报，2008，27 (4):818~824.

[175] 金海元，徐卫亚，孟永东，等. 锦屏一级水电站左岸边坡稳定综合预报研究 [J]. 岩石力学与工程学报，2008，27 (10):2058~2063.

[176] 许强，曾裕平. 具有蠕变特点滑坡的加速度变化特征及临滑预警指标研究 [J]. 岩石力学与工程学报，2009，28 (6):1099~1106.

[177] 许强，曾裕平，钱江澎，等. 一种改进的切线角及对应的滑坡预警判据 [J]. 地质通报，2009，28 (4):501~505.

[178] 缪海波，殷坤龙，柴波，等. 基于非平稳时间序列分析的滑坡变形预测 [J]. 地质科技情报，2009，28 (4):107~111.

[179] Herrera G, Fernández-Merodo J A, Mulas J, et al. A landslide forecasting model using ground based SAR data: The Portalet case study [J]. Engineering Geology, 2009, 105 (3~4):220~230.

[180] Flood I. A neural network approach to the sequencing of construction tasks [C]. Proceedings of the 6th ISARC – International Symposium on Automation and Robotics in Construction, 1989.

[181] Moselhi O, Hegazy T, Fazio P. A hybrid neural network methodology for cost estimation [C]. Proceedings of the 8th ISARC – International Symposium on Automation and Robotics in Construction, 1991.

[182] Flood I. Simulating the construction process using neural networks [C]. Proceedings of the 7th ISARC – International Association for Automation and Robotics in Construction, 1990.

[183] Teh C I, Wong K S, Goh A T C, et al. Prediction of Pile Capacity Using Neural Networks [J]. Journal of Computing in Civil Engineering Asce, 1997, 11 (2):129~138.

[184] 杜岩，谢谟文，蒋宇静，等. 基于自振频率的监测预警指标确定方法 [J]. 岩土力学，2015，36 (8):2284~2290.

[185] Intrieri E, Gigli G, Mugnai F, et al. Design and implementation of a landslide early warning system [J]. Engineering Geology, 2012, 147~148 (12):124~136.

[186] 李聪，姜清辉，周创兵，等. 基于实例推理系统的滑坡预警判据研究 [J]. 岩土力学，2011，32 (4):1069~1076.

[187] 王佳佳，殷坤龙. 基于 WEBGIS 和四库一体技术的三峡库区滑坡灾害预测预报系统研究 [J]. 岩石力学与工程学报，2014，33 (5):1004~1013.

[188] 贺可强，陈为公，张朋. 蠕滑型边坡动态稳定性系数实时监测及其位移预警判据研究 [J]. 岩石力学与工程学报，2016，35 (7):1377~1385.

[189] Ham G V D, Rohn J, Meier T, et al. Finite Element simulation of a slow moving natural slope in the Upper-Austrian Alps using a visco-hypoplastic constitutive model [J]. Geomorphology, 2009, 103 (1):136~142.

［190］Fernández-Merodo J A, García-Davalillo J C, Herrera G, et al. 2D viscoplastic finite element modelling of slow landslides: the Portalet case study (Spain) ［J］. Landslides, 2014, 11 (1):29~42.

［191］Chang K T, Ge L, Lin H H. Slope creep behavior: observations and simulations ［J］. Environmental Earth Sciences, 2014, 73 (1):275~287.

［192］Rahimi A, Rahardjo H, Leong E C. Effect of Antecedent Rainfall Patterns on Rainfall-Induced Slope Failure ［J］. Journal of Geotechnical & Geoenvironmental Engineering, 2011, 137 (5):483~491.

冶金工业出版社部分图书推荐

书　名	作　者	定价(元)
中国冶金百科全书·采矿卷	本书编委会　编	180.00
现代金属矿床开采科学技术	古德生　等著	260.00
采矿工程师手册（上、下册）	于润沧　主编	395.00
我国金属矿山安全与环境科技发展前瞻研究	古德生　等著	45.00
金属矿山采空区灾害防治技术	宋卫东　等著	45.00
尾砂固结排放技术	侯运炳　等著	59.00
地质学（第5版）（国规教材）	徐九华　主编	48.00
采矿学（第2版）（国规教材）	王　青　主编	58.00
金属矿床地下开采采矿方法设计指导书　（本科教材）	徐　帅　主编	50.00
金属矿床露天开采（本科教材）	陈晓青　主编	28.00
露天矿边坡稳定分析与控制（本科教材）	常来山　主编	30.00
矿产资源开发利用与规划（本科教材）	邢立亭　等编	40.00
地下矿围岩压力分析与控制（本科教材）	杨宇江　等编	39.00
矿山安全工程（国规教材）	陈宝智　主编	30.00
矿山岩石力学（本科教材）	李俊平　主编	49.00
高等硬岩采矿学（第2版）（本科教材）	杨　鹏　编著	32.00
选矿厂设计（本科教材）	周晓四　主编	39.00
选矿试验与生产检测（本科教材）	李志章　主编	28.00
矿产资源综合利用（本科教材）	张　佶　主编	30.00
矿井通风与除尘（本科教材）	浑宝炬　等编	25.00
采矿工程概论（本科教材）	黄志安　等编	39.00
金属矿山环境保护与安全（高职高专教材）	孙文武　主编	35.00
金属矿床开采（高职高专教材）	刘念苏　主编	53.00
采掘机械（高职高专教材）	苑忠国　主编	38.00
矿山企业管理（第2版）（高职高专教材）	陈国山　主编	39.00
露天矿开采技术（第2版）（职教国规教材）	夏建波　主编	35.00
井巷设计与施工（第2版）（职教国规教材）	李长权　主编	35.00
工程爆破（第3版）（职教国规教材）	翁春林　主编	35.00
矿山提升与运输（高职高专教材）	陈国山　主编	39.00
金属矿床地下开采（高职高专教材）	李建波　主编	42.00
安全系统工程（高职高专教材）	林　友　主编	24.00